最好吃的
家常小炒

王蓝山◎编著

河北出版传媒集团
河北科学技术出版社

图书在版编目（CIP）数据

最好吃的家常小炒 / 王蓝山编著 . -- 石家庄：河
北科学技术出版社，2015.11

ISBN 978-7-5375-8140-0

Ⅰ．①最… Ⅱ．①王… Ⅲ．①家常菜肴－炒菜－菜谱

Ⅳ．① TS972.12

中国版本图书馆CIP数据核字（2015）第300700号

最好吃的家常小炒

王蓝山　编著

出版发行	河北出版传媒集团　河北科学技术出版社	
地　　址	石家庄市友谊北大街 330 号　（邮编：050061）	
印　　刷	三河市明华印务有限公司	
经　　销	新华书店	
开　　本	710×1000　1/16	
印　　张	10	
字　　数	150 千字	
版　　次	2016 年 1 月第 1 版	
	2016 年 1 月第 1 次印刷	
定　　价	32.80 元	

前 言

随着时代的进步，人们对生活品质的要求越来越高，吃、穿、住、行概莫能外。日常饮食与人体的健康状况息息相关，人们已开始重视食品种类和营养的搭配。如今，食品安全问题也受到普遍关注，为了饮食健康，许多人更青睐以自己烹饪的方式来表达对家人的关爱。自己烹制美食，不仅可以维护健康，也能提升家人之间的融合度，提高家庭生活的幸福和美满指数。

为了让大家在烹饪时能有据可依，以便更轻松地制作出受家人欢迎的美食，同时充分享受烹饪的乐趣，我们特意编写了这套菜谱。为满足各类人群、各个年龄段对饮食的不同需求，适合个人口味偏好，本套菜谱编写范围较广，包含家常菜、小炒、私房菜、特色菜、川菜、湘菜、东北菜、火锅、主食、汤煲等，不一而足，希望能够满足各类读者对于美食的独特需求。

我们力求让读者一读就懂，一学就会，一做便成功。书中详尽介绍了食物制作所需的主料与配料，并对操作步骤进行了细致地讲解，同时关于操作过程中需要注意的事项也重点阐述。即便您从来没有下过厨房，也可以在菜谱的帮助下制作出美味可口的菜品。

在教您烹饪的基础上，我们对食材与菜品的营养成分进行了解析，以帮助您选择适合家人营养需求与口味的菜肴。希望可以让您吃得健康、吃得明白。

另外，我们为每道菜都配有精美的图片，在掌握制作方法的同时，给您带来一场视觉上饕餮盛宴。看着令人垂涎欲滴的图片，想必您一定能胃口大开，在享受美食的同时，体会到烹饪带给您的巨大乐趣。

　　美味的食物不仅可以给您带来味蕾上的满足感，更重要的是每一种食物都蕴藏着养生的智慧。希望在您享受美食的过程中，您的体质与生活质量都能得到更好的改变。

　　在这套菜谱的编写过程中，我们请教了烹饪大师、营养师等相关人士，他们给予了我们极大的帮助，在此表示深深的谢意。然而，我们的水平有限，书中难免出现疏漏之处，敬请读者指正。在此一并表示感谢！

目 录
CONTENTS

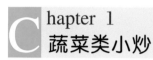

Chapter 1
蔬菜类小炒 1

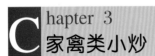

Chapter 4 水产类小炒

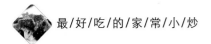
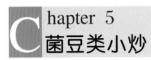

Chapter 5
菌豆类小炒 119

蔬菜类小炒

Chapter 1

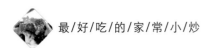

蚝油生菜

主料 生菜 400 克

配料 蒜末、蚝油、绍酒、食盐、植物油、红油各适量

·操作步骤·

① 将生菜洗净，撕成大片待用。

② 锅中放植物油烧热，加入生菜稍炒，放入食盐炒匀，盛入盘中。

③ 锅中再放少许植物油烧热，放入蒜末煸出香味，加入蚝油、绍酒、红油炒至沸腾，把汁浇在生菜上，拌匀即成。

·营养贴士· 此菜有消脂减肥的功效。

清炒苋菜

主料 苋菜 300 克

配料 植物油、食盐、鸡精各适量

·操作步骤·

① 苋菜摘去老梗，洗净备用。

② 锅中倒入植物油，烧至八成热，放入苋菜快速翻炒至熟，加食盐、鸡精调味即可。

·营养贴士· 此菜有清热利湿、瘦身排毒的功效。

肉末菠菜

主　料 菠菜200克，猪肉末50克

配　料 酱油、料酒、食盐、鸡精、白糖、胡椒粉、植物油、蚝油、香油、水淀粉、姜末、蒜末各适量

·操作步骤·

① 菜择洗干净，放入沸水锅中焯透，捞出，沥干水分，晾凉后放入盘中。

② 锅中倒入植物油，烧至八成热时倒入肉末翻炒，炒至变色加入姜末、蒜末，再加入少量清水、酱油、料酒、食盐、鸡精、白糖、胡椒粉、蚝油。

③ 肉末煮沸后用水淀粉勾芡，滴几滴香油，炒匀出锅，淋在菠菜上即成。

·营养贴士· 此菜有活血润肠、补肝益肾的功效。

·操作要领· 菠菜含有草酸，草酸与钙质结合易形成草酸钙，它会影响人体对钙的吸收，所以菠菜一定要焯透。

蒜炒芥蓝

主 料 ▶ 芥蓝 2 棵，青椒、红椒各适量

配 料 ▶ 蒜、植物油、食盐、味精、糖各适量

操作步骤

芥蓝清洗干净，控干水分。

将芥蓝去皮后切成长条，然后放入沸水中焯一下。

将青、红椒切丝，把蒜切片。

锅内放入植物油，油热后放入蒜片爆香，然后放入芥蓝、青椒丝、红椒丝翻炒。

至熟后放入食盐、味精、糖调味即可。

烹饪心得

营养贴士：此菜有解毒利咽、顺气化痰的功效。

操作要领：炒芥蓝时放点糖，能够掩盖它本身的苦涩味。

味噌
卷心菜

主 料▶ 卷心菜 300 克

配 料▶ 姜、味噌、蘑菇精、
清汤、植物油各适量，
红椒少许

·操作步骤·

① 卷心菜撕成小片，洗净后
焯水，沥干；红椒洗净，
切圈；姜切末。

② 锅中放植物油，将红椒、
姜末煸香，放入卷心菜翻
炒煸透，然后加入适量味
噌、清汤、蘑菇精，煮沸
即可。

·营养贴士· 此菜有延缓衰老、祛脂降压的功效。

·操作要领· 卷心菜也可直接用刀切块，但如果一次性用不完一棵，为了方便保存，从
外到内一层一层撕是最好的。

油豆腐**炒白菜**

主料 油豆腐、白菜各适量

配料 植物油、食盐、鸡精、香醋各少许

·操作步骤·

① 白菜洗净，切片；油豆腐切片。

② 锅置火上，倒入植物油，油热后加入油豆腐翻炒片刻，然后加入白菜同炒。

③ 待食材炒熟后，加入食盐、鸡精、香醋调味即可出锅。

营养贴士 此菜有护肤养颜、养胃生津的功效。

豆瓣**卷心菜**

主料 卷心菜 300 克，洋葱少许

配料 红辣椒 50 克，姜、鸡精、白糖、辣椒油各少许，豆瓣酱、食盐、植物油各适量

·操作步骤·

① 卷心菜叶用盐水或淘米水浸泡几分钟，用清水将蔬菜上的残留物冲净，撕成小片；洋葱剥皮切片；红辣椒、姜切成小片。

② 炒锅中放入植物油，油热之后放入姜片煸出香味，添入少许白糖，放入卷心菜、洋葱、辣椒油、豆瓣酱、红辣椒片翻炒，加入食盐、鸡精炒匀，装盘即可。

营养贴士 此菜有延缓衰老、防癌抗癌的功效。

酸辣里脊白菜

主料 里脊肉300克，白菜、木耳各适量

配料 辣椒酱、姜、蒜、醋、食盐、植物油各适量

·操作步骤·

① 白菜洗净横切段；里脊肉洗净切片；木耳泡发洗净，撕成小片；姜、蒜切末。

② 锅中倒植物油烧热，放姜末、蒜末爆香，放入里脊肉翻炒，加入白菜、木耳，一起翻炒一小会儿，加入辣椒酱、醋、少许水，盖上锅盖焖煮一会儿。

③ 打开锅盖，加入食盐调味后出锅即可。

·营养贴士· 此菜有补气养血、润肺止咳的功效。

·操作要领· 木耳上面一般都有很多杂质，一定要反复多洗几遍，否则会影响口感。

板栗烧白菜心

主料 小白菜心 200 克，板栗 100 克

配料 植物油、料酒、高汤、白糖、鸡精、水淀粉、食盐、香油各适量，葱花少许

·操作步骤·

① 小白菜心洗净，放入锅中焯软后，装在盘中。

② 板栗去皮，放入沸水锅中煮熟。

③ 炒锅倒入植物油烧至温热，放葱花爆香，加料酒、食盐、高汤、白糖、鸡精，放板栗，改为微火稍煮，用水淀粉勾芡，淋上香油，浇在盘子里的小白菜心上，摆好盘即可。

·营养贴士· 此菜有清热除烦、解渴利尿的功效。

豉香土豆

主料 土豆 250 克

配料 豆豉酱 20 克，姜汁 15 克，葱花 15 克，醋、生抽各 15 克，食盐 5 克，鸡精 3 克，植物油、干辣椒段各适量

·操作步骤·

① 土豆去皮洗净，切滚刀块，浸泡在清水中。

② 锅中烧开水，下入土豆焯水至熟，捞出过凉水，沥干水分。

③ 另取锅加少许植物油，油热后加入豆豉酱、干辣椒段、食盐、鸡精，炒出香味后放土豆，调入姜汁、葱花、醋、生抽，翻炒均匀即可。

·营养贴士· 此菜有降糖降脂、美容养颜的功效。

干炒土豆条

主料 土豆400克

配料 大葱、老姜各8克，大蒜3瓣，花椒粉、辣椒粉各5克，孜然籽3克，植物油、生抽、食盐、干辣椒各适量

·操作步骤·

① 土豆削皮，洗净切条；大葱切成斜片；干辣椒切圈；老姜和大蒜切末待用。

② 炒锅倒油，烧至六成热时，放入土豆条，慢慢炸至表面金黄（约5分钟），捞出沥油。

③ 炒锅中留底油，烧热后放入干辣椒、花椒粉，小火炸出香味，放入大葱片、姜末和蒜末爆香，加入炸好的土豆条，调入食盐、生抽、辣椒粉、孜然籽，用大火快速煸干水分即可出锅。

·营养贴士· 此菜有和胃调中、健脾益气的功效。

·操作要领· 不喜欢太多油的，可以把土豆条焯熟再炸。

川酱**茄子**

主料 茄子1个

配料 四川红油辣酱、植物油、白糖、酱油各适量

·操作步骤·

① 茄子洗净对半切开，在茄子皮一面打上十字花刀。

② 锅置火上，倒入植物油，油热后下茄子翻炒。

③ 向锅中添加清水，盖盖儿焖煮，待茄子煮烂后加酱油、白糖调味，最后加入四川红油辣酱炒匀即可。

·营养贴士· 此菜有清热解暑、延缓衰老的功效。

素炒**绿豆芽**

主料 绿豆芽300克，香芹50克

配料 生抽10克，醋5克，植物油、红油、食盐、鸡精、姜、蒜、花椒各适量

·操作步骤·

① 把绿豆芽掐去头、尾，洗净备用；香芹摘去叶子，洗净切成小段；姜、蒜切成末。

② 锅中放入植物油烧热，放入花椒、姜、蒜煸炒一下，放入绿豆芽和香芹，用旺火快炒，八成熟时加入生抽、红油、醋、食盐、鸡精，再快炒几下即可。

·营养贴士· 此菜有清热解毒、减肥润肤的功效。

鱼香茄子

主料▷ 茄子 500 克，瘦肉 100 克，青椒、红椒各 50 克

配料▷ 郫县豆瓣酱 2 小勺，白糖 8 克，食盐 3 克，生抽、老抽、蚝油、香醋、姜、葱、蒜、植物油、干淀粉各适量，麻油少许

·操作步骤·

① 茄子洗净，切条，放入盐水中浸泡 10 分钟，捞出控水，撒一些干淀粉拌匀；青椒、红椒洗净切长条；瘦肉洗净切丝；葱、姜、蒜切末。

② 食盐、干淀粉、生抽、老抽、蚝油、香醋、白糖、麻油加适量水调成汁备用。

③ 锅中倒入植物油烧至七成热，放入茄条，炸软后捞出控油。

④ 锅内留少许底油，放入姜末、葱末、蒜末爆香，放入瘦肉丝炒至断生，加郫县豆瓣酱翻炒，放入炸好的茄子同炒，再倒入事先调好的调味汁翻炒均匀，出锅前加青椒、红椒炒熟即可。

·营养贴士· 此菜有延缓衰老、降低血压的功效。

·操作要领· 吃茄子建议不要去皮，因为茄子的价值就在皮里面。

豆豉茄丝

主料 茄子 200 克, 红辣椒 50 克

配料 葱花、植物油、食盐、豆豉各适量

·操作步骤·

① 茄子、红辣椒分别洗净、切丝。

② 锅中倒入植物油, 油热后加入葱花爆香, 倒入茄丝翻炒, 待茄丝稍微变软后再加入豆豉、食盐和红辣椒丝, 炒熟出锅即可。

·营养贴士· 此菜有和胃消食、延缓衰老的功效。

蔬菜炒芽头

主料 黄豆芽 200 克, 胡萝卜 150 克, 白萝卜 100 克, 干香菇 2 朵, 菜叶少许

配料 植物油、食盐、醋、葱花、姜末各适量

·操作步骤·

① 黄豆芽去老根, 洗净; 胡萝卜、白萝卜洗净切丁; 菜叶切成小段; 干香菇泡发, 洗净切成小粒。

② 锅中放入植物油, 油热后爆香姜末、葱花, 依次放入胡萝卜丁、白萝卜丁、香菇粒爆炒至六成熟, 然后加入黄豆芽、食盐和醋翻炒均匀。

③ 出锅之前加入菜叶炒匀即可。

·营养贴士· 此菜有补肾利尿、滋阴壮阳的功效。

酸辣
百合芹菜

主 料▶ 西芹 1 棵，鲜百合 100 克，红辣椒 1 个

配 料▶ 植物油 20 克，食盐 3 克，醋、素汤、鸡精、辣椒油、水淀粉各少许

·操作步骤·

① 西芹择洗干净，斜切成条；百合洗净，入沸水中略焯捞出；红辣椒洗净，去籽，切丝。

② 锅中倒入植物油，烧至六成热，倒入素汤，加食盐烧沸，放入西芹、百合、辣椒丝迅速翻炒，加醋、辣椒油炒匀。

③ 加鸡精调味，然后用水淀粉勾芡即可出锅。

·营养贴士· 此菜有开胃醒酒、润肺止咳的功效。

·操作要领· 鲜百合很容易因高温而失去清香之味和爽脆的口感，所以不宜炒太久。

蚝油**春笋**

主 料▶ 春笋 250 克

配 料▶ 蚝油、食盐、白糖、酱油、香油、
鸡精、植物油各适量

·操作步骤·

① 春笋剥皮，洗净后切成滚刀块。

② 锅中倒入植物油，烧至六成热，倒入蚝
油，再放入春笋翻炒。

③ 加入食盐、白糖、酱油、香油、鸡精翻炒，
炒熟装盘即可。

·营养贴士· 此菜有清肠通便、排毒瘦身的
功效。

香辣**空心菜梗**

主 料▶ 空心菜 250 克，猪肉 30 克，红辣椒
1 个

配 料▶ 生抽、食盐、鸡粉、香油、蒜末、
植物油各适量

·操作步骤·

① 空心菜除去叶子，将菜梗洗净切段；猪
肉洗净切小片；红辣椒洗净切小片。

② 锅中热植物油，油热下入蒜末和红辣椒
爆香，再倒入猪肉炒至变色，加入菜梗
翻炒，加入生抽、食盐调味，炒熟后加
入鸡粉炒匀，最后淋上香油即出锅。

·营养贴士· 此菜有清热解毒、降低血糖的
功效。

明珠菜心

主料 油菜 2 棵，熟鹌鹑蛋 5 个，小西红柿 1 个

配料 料酒 1/2 小勺，水淀粉 2 小勺，葱花、姜片、高汤精、食盐、植物油各适量

·操作步骤·

① 油菜倒入沸水锅中焯熟，冲一下凉水备用；小西红柿对半切开，鹌鹑蛋去皮备用。

② 锅中热油，倒入葱花、姜片爆香，添入清水，煮沸后加入鹌鹑蛋，调入食盐、料酒、高汤精搅匀，再次煮沸后加入油菜，

煮片刻即可出锅装盘。

③ 锅中汤汁以水淀粉勾芡淋在菜上，再装饰上小西红柿即可。

·营养贴士· 此菜有强身健脑、丰肌泽肤的功效。

·操作要领· 吃剩的熟油菜过夜后就不要再吃，以免造成亚硝酸盐沉积，易引发癌症。

钵子**鲜芦笋**

主 料 ▶ 鲜芦笋 300 克，五花肉 50 克，红椒
少许

配 料 ▶ 植物油 50 克，蒜、食盐、蒸鱼豉油、
鸡汁、鸡精、辣汁各适量

·操作步骤·

① 鲜芦笋去老皮，洗净切段；五花肉洗净
切片；红椒洗净切条；蒜切碎。

② 炒锅置火上，倒入植物油烧热，下五花肉
煸香，加蒜、红椒、鲜芦笋煸炒，加食盐、
鸡汁、蒸鱼豉油、鸡精、辣汁调味，芦笋
炒至八成熟后出锅。

③ 钵子烧热，倒入炒好的鲜芦笋，焖熟
即可。

·营养贴士· 此菜有清热利尿、增强免疫的
功效。

冬菜**烧苦瓜**

主 料 ▶ 苦瓜 300 克，冬菜 80 克

配 料 ▶ 植物油 20 克，生抽 15 克，干辣椒、
花椒各适量，食盐、鸡精各少许

·操作步骤·

① 苦瓜去蒂、去瓤，洗净切小块；冬菜洗净，
挤干水分，切小块；干辣椒切段。

② 锅倒油烧热，倒入苦瓜翻炒，加食盐调味，
待炒出水分时盛出。

③ 锅洗净倒油，六成热时下干辣椒、花
椒爆香，然后倒入苦瓜、冬菜，加生抽、
鸡精调味，炒熟即可出锅。

·营养贴士· 此菜有清热消暑、滋肝明目的
功效。

鱼香油菜心

主 料 油菜心 300 克

配 料 白糖 25 克，水淀粉 20 克，豆瓣酱
15 克，白醋、酱油各 10 克，鸡精、
食盐各 2 克，植物油适量

·操作步骤·

① 菜心择洗干净，沥干水分；豆瓣酱剁碎。

② 在空碗中加入酱油、白糖、食盐、白醋、
鸡精、水淀粉兑成调味汁。

③ 锅中倒入植物油，烧至六成热，放入
油菜心，翻炒片刻出锅装盘。

④ 锅中留少许底油，倒入调味汁和豆瓣酱
一起翻至出红油，放入炒好的油菜心，
翻炒均匀即可出锅。

·营养贴士· 此菜有活血化瘀、抑癌抗瘤
的功效。

·操作要领· 炒油菜心时，油不要太多，
多了会起腻。

干煸笋尖

 操作步骤

主料 笋尖 200 克，
猪肉 100 克，
榨菜 100 克，
红辣椒圈少许

配料 酱油、植物油、
食盐、鸡精各
适量

①

将笋尖切成长条；榨菜
切丁；猪肉切末。

②

将笋尖用植物油炸透，
捞出控油。

③

锅内留少许底油，放入
肉末、榨菜、笋尖煸炒，
至熟后，加食盐、酱油
和鸡精调味即可出锅装
盘，最后撒上红辣椒圈
做装饰。

 烹饪心得

营养贴士：此菜有开胃健脾、促进消化的功效。

操作要领：炸笋尖时要控制油的用量，多了会起腻，少了会干。

干贝
西蓝花

主 料 ▶ 西蓝花400克，干
贝20克

配 料 ▶ 植物油、高汤、
花雕酒、生抽、
食盐、蒜、生粉、
白糖各适量

·操作步骤·

① 干贝用冷水泡发，撕成
丝；西蓝花洗净切朵，
焯水；花雕酒与生粉调
成汁备用；蒜切片。

② 热锅放油，下蒜片爆香，
倒入西蓝花，翻炒片刻，
加入白糖和生抽翻炒一
下出锅装碟。

③ 另起锅加少许植物油，待
油温下干贝丝，炒至变
色，加入适量高汤烧开，
然后倒入花雕酒与生粉
调成的汁勾芡，大火收
汁，加食盐调味即可。

·营养贴士· 此菜有防癌抗癌、减肥塑身的功效。

·操作要领· 西蓝花焯水时间不宜太长，否则会失去脆感。

脆煎**菜花**

主 料 菜花 300 克

配 料 鸡蛋清 30 克，植物油、椒盐、蒜末、
生粉各适量

·操作步骤·

① 菜花洗净，切成小朵，控干水分。

② 将生粉和鸡蛋清放入碗中搅拌成糊，然
后把菜花放入再次搅拌。

③ 锅中置油，将菜花炸至微黄色捞出控干
油，然后将蒜末入锅稍炸，用密漏捞出。

④ 锅中留底油，下炸好的蒜末和菜花，加
椒盐翻炒几下即可。

·营养贴士· 此菜有抗癌防癌的功效。

素熘**花菜**

主 料 菜花 300 克，红椒 50 克，干木耳少
许

配 料 蒜末 8 克，鸡粉 10 克，香油、生抽、
醋各 5 克，食盐、白糖各 5 克，植
物油、水淀粉各适量

·操作步骤·

① 菜花洗净切小朵；红椒洗净切片；木耳
用水发后，去蒂撕小片。

② 将菜花放入沸水中焯两分钟，捞出。

③ 锅中烧热植物油，放入蒜末炝香，然后
放入菜花略炒，再放入木耳、红椒，加
入鸡粉、生抽、醋、食盐、白糖翻炒至熟，
出锅时用水淀粉勾芡，淋入香油即可。

·营养贴士· 此菜有健脑壮骨、补脾和胃的
功效。

美味竹笋尖

主料 竹笋尖 200 克，木耳适量，红尖椒少许

配料 植物油 30 克，香菜、食盐、鸡精各适量

·操作步骤·

① 竹笋尖洗净，斜切段，放入沸水锅中煮 3 分钟，捞出后过凉水，沥干水分；红尖椒洗净切条；木耳泡发，洗净后撕成小朵；香菜洗净切段。

② 炒锅置于旺火上，下植物油烧热，放入竹笋尖、红尖椒翻炒，加适量水，焖 5 分钟左右，竹笋尖熟后，加入木耳、食盐、鸡精略微翻炒至熟，最后撒上香菜起锅即成。

·营养贴士· 此菜有清凉解暑、降脂减肥的功效。

·操作要领· 不要使用洗涤剂清洗木耳，因为洗涤剂本身含有的化学成分容易残留在木耳上，对人体健康不利。

糖醋泡椒

主料 泡红椒 300 克

配料 香葱、剁椒、蒜、白糖、醋、酱油、鸡精、植物油各适量

·操作步骤·

① 将泡红椒冲洗干净，先片开，再切段；香葱洗净切段；蒜切片；白糖、醋、酱油调成糖醋汁。

② 锅内放植物油烧热，放入香葱、蒜、剁椒炒出香味，然后放入泡红椒翻炒 2 分钟，再放入糖醋汁翻炒 1 分钟，加鸡精炒匀即可。

·营养贴士· 此菜有增进食欲、散寒祛湿的功效。

老干妈炒苦瓜

主料 苦瓜 250 克

配料 高汤 50 克，老干妈豆豉 15 克，大蒜 4 瓣，食盐 2 克，植物油适量，熟白芝麻少许

·操作步骤·

① 苦瓜对半剖开，挖去瓤，洗净后切成条，放入滚水中余烫后捞出；大蒜切片。

② 中火烧热锅中的植物油，放入苦瓜条煎至表面变色时捞出备用。

③ 锅中留底油，大火烧至七成热，放入蒜片、豆豉煸炒出香味，放入苦瓜翻炒几下，加入食盐、高汤，烧开后转中小火煮 3 分钟，转大火收干汤汁，撒入白芝麻即可关火。

·营养贴士· 此菜有消脂减肥、排毒养颜的功效。

虎皮**尖椒**

主料 尖椒 4 个，肉馅 200 克，干香菇 4 朵

配料 淀粉 30 克，食盐、白糖各 3 克，香油、陈醋、料酒各 10 克，十三香 2 克，生抽 45 克，植物油适量，鸡精少许

·操作步骤·

① 干香菇泡发后洗净，切碎；肉馅放碗中，加入香菇、料酒、食盐、十三香、白糖、香油、鸡精和一半淀粉，搅匀备用。

② 尖椒洗净后用筷子将内部的籽除去，向尖椒内部填塞肉馅。

③ 生抽、白糖、陈醋、食盐、淀粉和少量清水调成芡汁。

④ 锅中倒入植物油，油热后改中小火煎尖椒，待两面煎出"虎皮"，倒入芡汁，焖煮至熟即可。

·营养贴士· 此菜有温中散寒、健胃消食的功效。

·操作要领· 尖椒下锅时，最好准备一个锅盖，挡住自己，手上戴上胶手套，以免被溅出的油花烫伤。

辣味丝瓜

主料 丝瓜 1 根，红辣椒 1 个

配料 食盐 3 克，鸡精 2 克，料酒 10 克，猪油（炼制）40 克，大葱 5 克，姜 3 克，高汤少许

· 操作步骤 ·

① 将丝瓜去皮，洗净，切薄片。

② 红辣椒去蒂、去籽，洗净，切成菱形片；葱切段；姜切丝。

③ 锅放旺火上，下入猪油，油热时将葱段、姜丝、红辣椒片一起炝锅，炸出香味，下入丝瓜片翻炒片刻，放入食盐、料酒、鸡精和少许高汤，将菜翻炒均匀，出锅盛盘即可。

· 营养贴士 · 此菜有润肤美白、活血通络的功效。

金沙小南瓜

主料 小南瓜 300 克，熟咸蛋黄 3 个

配料 植物油、食盐、干淀粉、鸡粉、香葱各适量

· 操作步骤 ·

① 咸蛋黄压碎；香葱洗净切花；小南瓜去皮，切滚刀块，倒入加有食盐、植物油的水中浸泡，至变软后捞出，沥干水分。

② 南瓜块裹上一层干淀粉，放入油锅中煎炸，至炸酥捞出，沥油。

③ 锅洗净倒适量油，下入碎蛋黄，加少许水，以慢火翻炒，炒至起泡时加入炸好的南瓜块，加鸡粉炒匀，最后撒上葱花即可。

· 营养贴士 · 此菜有消炎止痛、解毒杀虫的功效。

咸蛋黄
脆玉米

主 料➡ 咸鸭蛋黄 3 个，玉米
粒 250 克，红椒粒、
青豆各少许

配 料➡ 牛油 500 克，鸡粉、
食盐各 10 克，白糖
15 克，干粉丝 50 克，
炸粉 60 克，香蒜、
吉士粉各适量

·操作步骤·

① 咸蛋黄蒸熟，取出碾碎，
再用鸡粉、食盐、白糖
调匀。

② 玉米粒、青豆拍上香蒜、
炸粉，放入热牛油中炸
至香脆，捞出待用。

③ 锅中留少许底油烧热，
将调好的咸蛋黄与炸好
的玉米粒、青豆及红椒
粒一起炒匀。

④ 在干粉丝团上撒上适量
吉士粉，然后倒入烧热
的油中煎炸，约 2 分钟
时间，出锅后放入盘中，
摆成鹊巢状。最后将炒
好的咸蛋黄和玉米粒倒
在上面即可。

·营养贴士· 此菜有健脾益胃、延缓衰老的功效。

·操作要领· 玉米粒要选用新鲜的，不能用干的。

清炒**甜豆**

主 料➤甜豆350克，胡萝卜少许

配 料➤葱、姜、蒜各10克，食盐、植物
油各适量

·操作步骤·

① 甜豆去掉两端和筋，洗净；胡萝卜洗净，
斜切片；葱、蒜、姜切末。

② 甜豆放入沸水锅中焯水，约5分钟后捞
出。

③ 起锅热油，下入葱末、姜末、蒜末爆香，
再下入甜豆、胡萝卜，中火煸炒至甜豆
熟透，加少许食盐出锅即可。

·营养贴士·此菜有有益脾胃、生津止渴的
功效。

炒**三色丁**

主 料➤白萝卜、嫩玉米1根，香菇80克

配 料➤植物油20克，生姜10克，食盐、鸡
精各5克，白糖2克，湿淀粉适量

·操作步骤·

① 白萝卜去皮，洗净切丁；生姜切末；香
菇泡发，洗净切丁；玉米剥粒，洗净，
用水泡一下。

② 白萝卜丁、香菇丁、玉米粒分别放入沸水
锅中焯至九成熟，捞出放入凉水中备用。

③ 净锅倒油，油热后下入姜末爆香，倒
入白萝卜丁、香菇丁、玉米粒翻炒，
加食盐、鸡精、白糖调味，最后用湿
淀粉勾芡即成。

·营养贴士·此菜有增强免疫、防癌抗癌的
功效。

芸豆西蓝花

主 料 西蓝花 250 克，蜜红芸豆 50 克

配 料 干辣椒、食盐、鸡精、白糖、植物
油、香油各适量

·操作步骤·

① 西蓝花洗净，去老皮后撕成小朵，放入
沸水锅中焯水，捞出并控干水分；干辣
椒切段备用。

② 锅中倒入适量植物油烧热，放入干辣椒

爆香，放入西蓝花煸炒，加食盐、鸡精、
白糖调味，再倒入少许清水。

③ 烧沸后放入蜜红芸豆炒匀，淋上适量香
油即可盛出。

·营养贴士· 此菜有润肤美容、延缓衰老
的功效。

·操作要领· 芸豆必须煮透，否则会引起
中毒。

荽瓜炒蚕豆

主 料 蚕豆、荽瓜各 200 克，红椒 1 个，干木耳 20 克

配 料 植物油 30 克，剁椒酱、蒜茸、姜末、食盐、鸡精各适量

·操作步骤·

① 蚕豆去外皮洗净；荽瓜洗净，用刀切成滚刀块；木耳泡发洗净，撕成小朵；红椒去蒂、去籽，洗净切片。

② 蚕豆放入沸水锅中焯熟，捞出过凉水，沥干水分。

③ 热锅中放入植物油，烧热后倒入姜末、蒜茸、剁椒酱、红椒片煸香，然后一并倒入蚕豆、荽瓜、木耳，加入适量的食盐、鸡精炒匀，待荽瓜炒熟后即可出锅。

·营养贴士· 此菜有清热利尿、防癌抗癌的功效。

·操作要领· 炒的蚕豆一定要选择较嫩、较新鲜的，太老的口感不好。

畜肉类小炒

Chapter 2

木须肉

主料 鸡蛋 2 个，干木耳 50 克，猪肉 150 克

配料 植物油 100 克，食盐 5 克，酱油 3 克，料酒 10 克，姜丝、香油、葱花、水淀粉各适量

·操作步骤·

① 将猪肉洗净切丝；将鸡蛋磕入碗中，加水淀粉，用筷子打匀；干木耳加温水泡 5 分钟，去根撕块备用。

② 锅中加植物油，烧热后加入鸡蛋炒散，盛起备用。

③ 热油锅中放入肉丝煸炒，肉色变白后，加入葱花、姜丝同炒，至八成熟时，加入料酒、酱油、食盐，炒匀后加入木耳、鸡蛋同炒，熟后加入香油、葱花即可。

·营养贴士· 此菜有养血驻颜、抗癌防癌的功效。

椒丝酱爆肉

主料 猪肉 200 克，尖椒 100 克，鸡蛋 1 个

配料 甜面酱、植物油、食盐、淀粉、料酒各适量

·操作步骤·

① 把猪肉切成片，加料酒、淀粉、鸡蛋清抓匀，下入四成热的油中，滑散滑透，倒入漏勺；尖椒洗净切条。

② 炒锅加底油，下肉片、尖椒和甜面酱翻炒，加入适量食盐炒熟即可。

·营养贴士· 此菜有开胃助食、促进生长的功效。

糊辣 银牙肉丝

主料 猪瘦肉200克，豆芽100克，红辣椒20克

配料 绍酒、植物油、酱油、醋、盐、白糖、鸡粉、淀粉、姜丝、花椒各适量

·操作步骤·

① 猪瘦肉洗净切丝，加入绍酒、鸡粉、植物油、盐、淀粉、姜丝拌匀上浆；豆芽洗净备用；红辣椒切丝。

② 取碗倒入绍酒、酱油、白糖、醋、鸡粉、淀粉，再加入少许清水调成汁液备用。

③ 锅中热油，五成热时倒入辣椒丝、花椒爆香，放入肉丝翻炒，变色后加入豆芽炒熟，最后倒入调味汁炒匀即可。

·营养贴士· 此菜有清热解毒、降压美肌的功效。

·操作要领· 肉丝不用切太细，太细的话不易成形。

泡菜魔芋**炒肉丝**

主 料 魔芋 500 克，四川泡菜 50 克，猪肉 30 克，红辣椒少许

配 料 豆瓣酱 50 克，泡姜、泡辣椒各 20 克，植物油、酱油、水淀粉、鸡粉各适量

·操作步骤·

① 魔芋切条，猪肉洗净切丝，红辣椒洗净切丝，泡菜切条，泡姜切末，泡辣椒去籽切茸，豆瓣酱剁细。

② 将魔芋条放入锅中焯透，捞出后过凉水。

③ 锅置火上，倒入植物油烧热，下豆瓣酱爆香，倒入泡菜、红辣椒丝、猪肉丝、泡姜末、泡辣椒翻炒片刻，再倒入魔芋翻炒，加入清水，放鸡粉、酱油调味，最后用水淀粉勾芡即可出锅。

·营养贴士· 此菜有排毒清肠、平衡盐分的功效。

干炒**猪肉丝**

主 料 猪肉 300 克，香干 50 克，芹菜 30 克

配 料 酱油、盐、食用油、辣椒酱、姜、蒜各适量

·操作步骤·

① 芹菜洗净切段，撒上盐调匀，腌约 5 分钟，然后冲洗干净，控干；姜、蒜切末备用。

② 香干切粗丝；猪肉洗净切丝，加盐、酱油拌匀。

③ 锅中倒油烧热，倒入辣椒酱、姜、蒜爆香，加入猪肉丝翻炒，肉丝变色后加入香干、芹菜继续翻炒，最后加入酱油炒匀即可。

·营养贴士· 此菜有健脾开胃、改善贫血的功效。

三丝烩凉瓜

主 料▶ 凉瓜（苦瓜）150克，鸡蛋1个，
猪肉100克，粉丝50克

配 料▶ 鸡汤300克，姜丝10克，白糖5克，
食盐3克，鸡精2克，醋、植物油
各适量，麻油少许

·操作步骤·

① 鸡蛋打散，放入不粘锅中摊成蛋皮，晾
凉后切丝。

② 凉瓜洗净剖开，去瓤后切成条；粉丝浸
泡在清水中；猪肉切细丝。

③ 炒锅中放植物油烧热，下入姜丝、肉
丝炒香，注入鸡汤烧开，加入凉瓜，
调入食盐、白糖，用中火烩10分钟，
再加入粉丝、蛋皮烩至粉丝熟，最后
加入麻油、鸡精、醋调味即可出锅。

·营养贴士· 此菜有降压降糖、保护心脏
的功效。

·操作要领· 加白糖是为了中和凉瓜的苦
味。

土豆片炒肉

主料▶ 猪肉 150 克，土豆 100 克，青椒、红椒各 15 克

配料▶ 植物油、精盐、酱油、姜末、蒜末、香菜、味精各适量

·操作步骤·

① 将猪肉洗净焯水切片；土豆洗净切成片焯水；青椒、红椒切好备用。

② 锅中置油，烧至五成热，下姜末、蒜末炒香。

③ 下猪肉，炒至七成熟时下土豆片、青椒、红椒，放精盐和酱油翻炒至熟，起锅前撒上味精翻炒两下，撒上香菜即可出锅。

·营养贴士· 此菜有通便排毒、健脾和胃的功效。

酸豆角炒肉末

主料▶ 酸豆角 250 克，猪肉 200 克

配料▶ 花生 5 克，干椒末 2 克，蒜泥 10 克，精盐、味精、酱油、熟猪油各适量

·操作步骤·

① 酸豆角洗净，倒进温水中浸泡一小会儿，然后切碎；猪肉切末。

② 锅置火上，倒入酸豆角翻炒，直至炒干水分后盛出。

③ 锅中倒入猪油烧热，下肉末煸炒，加精盐调味；最后倒入酸豆角、花生翻炒，加入蒜泥、干椒末、酱油炒匀；再加水焖煮，煮熟后收干汤汁，加入味精即可出锅。

·营养贴士· 此菜有补肾健胃、增进食欲的功效。

麻辣
肉片

主 料▶ 猪里脊肉 500 克，西蓝花 200 克，鸡蛋 150 克

配 料▶ 花椒 8 克，葱 8 克，辣椒油 8 克，豆瓣辣酱 10 克，湿淀粉（豌豆）15 克，姜 15 克，味精 3 克，精盐、白砂糖各 5 克，花生油 30 克，高汤适量

·操作步骤·

① 猪里脊肉切成片；葱、姜切末；西蓝花掰小朵，洗净，焯水。

② 锅内注花生油烧热，下西蓝花，加精盐、味精炒熟，摆入盘中。

③ 将里脊片用鸡蛋清、湿淀粉上浆，过油后捞出，锅内留少许油烧热，下入葱末、姜末爆锅，加入高汤、里脊片和剩余调料煸炒至熟，勾芡装盘即可。

·营养贴士· 此菜有健脾开胃、养心安神的功效。

·操作要领· 西蓝花不能过度烹饪，会损失它本身的营养。

青椒五花肉

主料▶ 青椒、红椒各 1 个，五花肉 200 克

配料▶ 姜末 5 克，精盐、鸡粉、味精各 5 克，
葱油 40 克，香油适量

·操作步骤·

① 五花肉切成片，用精盐稍腌；青椒、红
椒洗净切片。

② 锅点火，加入葱油烧热，先下入姜末炒香，
加入五花肉翻炒片刻，再放入青椒、红
椒炒至变色，加入精盐、鸡粉、味精翻
炒均匀，再淋入香油，即可出锅装盘。

·营养贴士· 此菜有美容保健、滋阴润燥的
功效。

金蒜五花肉

主料▶ 猪五花肉 300 克

配料▶ 炸蒜蓉 15 克，淀粉 10 克，胡椒粉
2 克，油菜心、葱末、姜末、熟芝麻、
精盐、植物油各适量

·操作步骤·

① 猪五花肉洗净加精盐，腌渍 30 分钟；油
菜心洗净，切小段。

② 将腌好的猪五花肉切片焯水，然后放入
淀粉中拍上粉。

③ 锅内放油，至七成热时，将肉片放入，
炸至金黄色，捞出。

④ 锅内留底油，爆香葱末、姜末，放入油
菜心，至九成熟时加胡椒粉和肉片炒匀，
再撒上炸蒜蓉、熟芝麻即成。

·营养贴士· 此菜有健脾开胃、调理贫血的
功效。

橄榄菜炒肉块

主料 四季豆 200 克，猪瘦肉 150 克，橄榄菜 30 克，皮蛋 1 个，花生米、红辣椒各 30 克

配料 蒜末 10 克，蚝油 10 克，食盐、鸡精各 3 克，白糖、生粉各 5 克，麻油 2 克，植物油适量

·操作步骤·

① 猪瘦肉切条，用少许食盐、生粉和适量植物油腌渍片刻；四季豆择好洗净，切成段；红辣椒洗净，切条；皮蛋去皮，切成小丁。

② 热锅下植物油烧至五成热，分别下入猪肉、四季豆过一下油，捞起控油。

③ 锅中留少许底油，烧热后炒香蒜末、红辣椒，加入肉和四季豆翻炒均匀。

④ 再加入橄榄菜、皮蛋、花生米，调入白糖、鸡精、蚝油、食盐翻炒至熟，淋上麻油即可出锅。

·营养贴士· 此菜有增进食欲、改善贫血的功效。

·操作要领· 肉和四季豆过油的时候注意控制油的用量，太多会起腻。

干炒五花肉

主料 五花肉 200 克，青椒、红椒各 2 个

配料 蒜、酱油、食用油、食盐、味精各适量

操作步骤

准备所需主材料。

将五花肉切片。

将蒜切片，将辣椒去籽切块。

锅内放入食用油，放入五花肉翻炒片刻。

向锅内放入辣椒和蒜，至熟后加入酱油、食盐和味精调味，收汁后即可出锅。

 烹饪心得

营养贴士：此菜有补肾养血、滋阴润燥的功效。

操作要领：既然是干炒，就要控制油的用量，不可过多。

尖椒白干
炒腊里脊

主 料▶ 腊里脊肉 150 克，青椒 50 克，白干 3 块，木耳 5 克

配 料▶ 鲜汤、色拉油各 50 克，精盐 4 克，豆豉 10 克，大蒜粒 5 克，酱油 3 克，鸡精 3 克

·操作步骤·

① 腊里脊肉放入清水中浸泡约 60 分钟，放入锅中蒸约 30 分钟，放凉后切成薄片；青椒斜刀切片；木耳放入水中浸泡片刻。

② 锅中热油，四成热时加入白干煎炸，当外皮炸硬后捞出切片。

③ 锅中热油，六成热时倒入青椒、豆豉、蒜粒爆香，加入白干、里脊、木耳翻炒，调入精盐、酱油、鸡精继续煸炒 1 分钟，浇上鲜汤，翻炒均匀即可。

·营养贴士· 此菜有燃烧脂肪、美容保健的功效。

·操作要领· 炸白干的时候注意火候，免得煳了。

罗汉笋**炒腊肉**

主料 腊肉 200 克，罗汉笋 50 克，红辣椒适量

配料 盐、味精、料酒、水淀粉、色拉油各适量

·操作步骤·

① 腊肉切成片；罗汉笋洗净切成条；红辣椒切丝。

② 起锅放色拉油加热至 110℃，将肉片入锅滑油，用料酒、盐、味精炒熟，捞出待用。

③ 锅留底油煸罗汉笋，加入红辣椒略炒后加盐调味，用水淀粉勾芡，倒入肉片，拌匀即成。

·营养贴士· 此菜有缓解咳喘、安神助眠的功效。

干锅**青笋腊肉**

主料 腊肉 400 克，青笋 150 克，黑木耳 5 克

配料 姜 5 克，蒜 3 克，郫县豆瓣酱 5 克，生抽 3 克，料酒 5 克，植物油适量

·操作步骤·

① 将腊肉蒸 10 分钟，切成薄片；青笋去老皮切片；黑木耳洗净去蒂，撕成小朵；姜、蒜切片。

② 锅内放油，将腊肉煸炒片刻，滤油捞出，然后将姜片、蒜片放入锅里爆香，再加入郫县豆瓣酱炒出红油，接着将黑木耳放入翻炒，再放入青笋，并加生抽和料酒，炒熟，最后放入腊肉兜匀即可。

·营养贴士· 此菜有镇痛助眠、防治贫血的功效。

湖南腊肉炒三鲜

主料 腊肉 100 克，芹菜 50 克，干木耳
30 克，胡萝卜 1 个

配料 植物油 50 克，酱油 5 克，精盐 3
克

·操作步骤·

① 干木耳浸泡约 5 分钟后洗净；芹菜洗净
切段；胡萝卜洗净切片；腊肉用热水浸
泡后洗净，切薄片。

② 热锅倒油，八成热后加入腊肉翻炒至肥

肉变色，放入木耳、芹菜段、胡萝卜片
翻炒。

③ 加入少量清水稍煮一下，加入酱油、精
盐调味，装盘即可。

营养贴士 此菜有养血补气、润肺补脑
的功效。

操作要领 因为腊肉本身很咸，所以炒
之前要用热水浸泡一下。

菜头**炒腊肠**

主料▶ 腊肠1根,青菜头2个,芹菜50克,
肉10克,红辣椒1个

配料▶ 姜末、蒜末各少许,盐、味精、料
酒、植物油各适量

·操作步骤·

① 芹菜洗净切段;肉洗净切薄片;红辣椒
去籽洗净,切成块;腊肠切成片;青菜
头洗净切片。

② 锅放油加热,爆香蒜末、姜末,将腊肠
入锅滑炒,加料酒、味精翻炒至腊肠入味,
捞出待用。

③ 锅留底油煸青菜片、芹菜段、肉片、红
辣椒,略炒后加盐调味,倒入腊肠,炒
匀装盘即可。

·营养贴士· 此菜有开胃助食、增进食欲的
功效。

腊肉炒**手撕包菜**

主料▶ 包菜300克,腊肉100克

配料▶ 干辣椒15克,植物油、食盐、姜末、
蒜末、生抽、鸡精各适量

·操作步骤·

① 腊肉蒸10分钟,稍晾凉后切片;包菜洗净,
用手撕成片;干辣椒切段。

② 锅中下植物油,油热后放入腊肉煸炒至
出油,然后下姜末、蒜末、干辣椒煸炒
出香味,再下包菜,转大火快速翻炒至
五成熟,加食盐、生抽翻炒至熟,撒上
鸡精即可。

·营养贴士· 此菜有滋润脏腑、增强免疫的
功效。

野山笋烧肚丝

主料 熟猪肚 200 克，野山笋 100 克，青椒、红椒各少许

配料 绍酒 15 克，酱油、香醋各 10 克，水淀粉 5 克，食盐 3 克，辣椒粉、鸡汤、植物油各适量，鸡精少许

·操作步骤·

① 熟猪肚、去皮洗净的野山笋分别切成 5 厘米长的条；青椒、红椒洗净切丝。

② 炒锅旺火烧热，放入植物油烧至七成热，投入青椒丝、红椒丝炒香，下入猪肚、野山笋煸炒。

③ 加入绍酒、酱油、食盐、鸡汤，烧沸后用水淀粉勾芡，加入辣椒粉、鸡精、香醋，炒熟即可。

·营养贴士· 此菜有清热利尿、活血祛风的功效。

·操作要领· 熟猪肚是指卤好的、带味的猪肚。

剁椒**肚片**

主 料 猪肚 400 克，芹菜 50 克，油炸腰果 30 克，红尖椒少许

配 料 剁椒 50 克，蒜片 10 克，湿淀粉 10 克，料酒 12 克，精盐 2 克，醋 2 克，高汤 25 克，植物油 20 克

·操作步骤·

① 猪肚切片，下入加有醋的沸水锅中焯透捞出；芹菜洗净切段，焯熟后捞出；红尖椒洗净切片。

② 锅内放油烧热，下入蒜片炝香，加剁椒煸出红油，然后下入肚片、芹菜、红尖椒、料酒、精盐、高汤炒匀至熟，最后放入油炸腰果翻炒几下，用湿淀粉勾芡即成。

·营养贴士· 此菜有帮助消化、防治腹胀的功效。

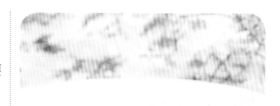

烟笋炒**腊猪耳**

主 料 腊猪耳 250 克，烟笋 100 克

配 料 葱段 30 克，植物油 20 克，白糖 10 克，鸡精 3 克，食盐 2 克，白酒少许

·操作步骤·

① 烟笋在清水中浸泡 30 分钟，洗净，破开切成条，放入沸水锅中汆烫 1 分钟。

② 腊猪耳在火上烙去残毛，洗净后入沸水锅中煮熟，切成薄片。

③ 锅置火上，下植物油烧热，放入葱段、腊猪耳炒出香味，下烟笋，放一点白酒，翻炒片刻，调入食盐、鸡精、白糖，翻炒均匀即可。

·营养贴士· 此菜有健脾补虚的功效。

莴笋
烧肚条

主 料 猪肚 500 克，莴笋 200 克，青椒、红椒各适量

配 料 大蒜 2 头，植物油 50 克，精盐、胡椒粉各 10 克，味精、白糖各 5 克，料酒 15 克，水淀粉 25 克，清汤 150 克

·操作步骤·

① 莴笋去掉叶子，去皮，去老根部，切条；青椒、红椒分别去蒂及籽，洗净后切成条；蒜瓣去皮，洗净备用。

② 将猪肚洗涤整理干净，放入锅中，加水煮约 90 分钟至软烂，捞出沥干，晾凉后切成宽条待用。

③ 坐锅点火，加油烧至六成热，先下入蒜瓣炒香，再放入肚条，烹入料酒，添入清汤，加入莴笋条、精盐、胡椒粉、白糖、青椒、红椒，小火翻炒 2 分钟，然后放入味精调味，用水淀粉勾芡，即可装盘上桌。

·营养贴士· 此菜有宽肠通便、防癌抗癌的功效。

·操作要领· 猪肚腥味较重，清洗的时候加一点醋可减少异味。

黄豆**炒猪尾**

主料 猪尾 300 克、黄豆 100 克，油菜 50 克

配料 色拉油、食盐、葱末、姜末、八角、大料、酱油、料酒各适量

·操作步骤·

① 黄豆放入碗中，浸泡至发胀；油菜洗净对半切开，用热水焯熟，备用；猪尾去尾根尖部位，其余按节切开，洗好后一定要用盐水浸泡 10 分钟，然后入开水锅内，焯一下捞出。

② 锅内倒入色拉油，烧热后加入猪尾及盐、葱末、姜末、料酒、酱油翻炒。

③ 向锅中添入半锅开水，加入黄豆、八角、大料烧煮。待汤汁收紧时停火。将油菜摆放至盘子外延一侧，将煮好的菜品装入盘中即可。

·营养贴士· 猪尾富含胶质，有美容丰胸的功效。

滑炒**牛肉片**

主料 牛肉 400 克

配料 葱 100 克，酱油 40 克，水淀粉少许，食用油、精盐、蛋清、黄酒、姜丝、生粉、味精各适量

·操作步骤·

① 将牛肉切成片，加精盐、蛋清、水淀粉上浆；葱洗净切段。

② 锅置火上，放入食用油烧至四成热，下牛肉片滑炒至熟，盛出；葱用油烫熟，待用。

③ 锅内留底油，倒入肉片、葱段，下姜丝，加黄酒，用酱油、精盐、味精调味，用生粉勾芡，炒匀即可。

·营养贴士· 此菜有滋养脾胃、补中益气的功效。

美人椒肝尖

主料 猪肝 250 克，美人椒 50 克，干木耳 20 克

配料 剁椒 30 克，料酒 30 克，植物油、香醋、白糖、食盐、鸡精各适量，蒜末、姜末各少许

·操作步骤·

① 鲜猪肝洗净，切成薄片，放入一半料酒腌渍片刻。

② 木耳泡发洗净，撕成小朵，放入沸水中焯熟，沥干水分；美人椒洗净，切成长段。

③ 用一小碗加入剩余料酒、香醋、白糖、食盐、鸡精调成汁。

④ 炒锅内放植物油烧热，下姜末、蒜末、剁椒、美人椒炒香，放入肝片炒至变色，加入黑木耳，烹入料汁，翻炒至熟即可出锅。

·营养贴士· 此菜有增强免疫、滋补气血的功效。

·操作要领· 猪肝常有一种特殊的异味，烹制前，首先要用水将肝血洗净，然后剥去薄皮，放入盘中，加适量牛乳浸泡，几分钟后，猪肝异味即可清除。

生炒牛肉丝

主料 嫩牛肉 150 克，莴笋 100 克，青蒜 25 克

配料 花生油 50 克，盐 3 克，味精、小苏打各 1 克，湿淀粉 10 克，鲜汤、葱花、姜末各适量

·操作步骤·

① 牛肉洗净切丝，加入盐、小苏打和湿淀粉抓匀上浆；莴笋去皮，洗净切丝；青蒜洗净切段。

② 锅中热油，七成热时倒入莴笋爆炒，然后出锅备用。

③ 锅中热油，八成热时下入葱花、姜末爆香，倒入肉丝快炒至变色，再倒入莴笋，加入盐、鲜汤、青蒜段继续翻炒，炒熟后即可加入味精出锅。

·营养贴士· 此菜有散寒止痛、消食下气的功效。

芝麻干煸牛肉丝

主料 牛里脊丝 250 克，嫩芹菜 50 克

配料 郫县豆瓣酱 15 克，黄酒、酱油、香醋各 15 克，精盐、鸡粉、干辣椒面、花椒面各 1 克，胡椒粉 0.5 克，白糖 20 克，姜丝 10 克，葱丝 5 克，植物油 25 克，熟芝麻 10 克

·操作步骤·

① 芹菜切丝备用。

② 锅中放油烧热，将牛肉丝炒散，至煸干水分，待肉丝外表呈微焦黄色时，下郫县豆瓣酱煸炒，然后下入葱丝、姜丝，炒出香味，再烹入黄酒和酱油，最后依次撒入精盐和胡椒粉、干辣椒面、白糖、鸡粉、花椒面炒匀。

③ 放入芹菜丝，用旺火翻炒均匀。

④ 锅中烹入适量香醋，炒匀出锅装盘，然后撒上熟芝麻即可食用。

·营养贴士· 此菜有健胃开脾、护肤美肤的功效。

熘肝尖

主 料 猪肝 300 克，胡萝卜、黄瓜各 20 克，木耳适量

配 料 植物油 1000 克，精盐、味精各 1/30 克，料酒、酱油各 15 克，白糖 10 克，白醋 15 克，花椒油 10 克，葱末、姜末、蒜末、淀粉各适量

·操作步骤·

① 将猪肝洗干净，整理后切成 0.5 厘米厚的片，再装入碗内，加入精盐、味精、料酒、淀粉抓拌均匀，下入五成热油中滑散、滑透，捞出沥干备用；木耳泡发；胡萝卜、黄瓜洗净切片。

② 碗中加入料酒、酱油、白糖、味精、淀粉调匀，制成芡汁待用。

③ 炒锅上火烧热，加适量底油，先用葱末、姜末、蒜末炝锅，再烹入白醋，入木耳、胡萝卜、黄瓜煸炒片刻，然后放入猪肝片，泼入芡汁翻炒均匀，再淋入花椒油，出锅装盘即可。

·营养贴士· 此菜有铁质丰富、增强免疫力的功效。

·操作要领· 用手触摸猪肝，感觉有弹性，无水肿、脓肿、硬块的是正常的猪肝。

孜然羊肉片

主 料 羊肉片适量

配 料 葱花、姜丝、干辣椒、花椒、孜然、
料酒、生抽、食盐、植物油各适量

·操作步骤·

① 炒锅倒植物油，放入干辣椒、花椒小火
煸炒出香味后捞出花椒不要，然后放入
姜丝炒香，再放入羊肉片煸炒。

② 炒至稍变色，加入料酒和少许生抽，大
火煸炒至羊肉片断生。

③ 撒入孜然、少许食盐调味，放入葱花，
翻炒至羊肉片全熟即可。

·营养贴士· 此菜有理气开胃、驱风止痛的
功效。

炒牛肚丝

主 料 牛肚 400 克，黄瓜 50 克

配 料 干辣椒 50 克，香油 20 克，醋 10 克，
酱油 5 克，白酒 3 克，盐 2 克，苏
打粉 1 克，食用油适量，味精少许

·操作步骤·

① 干辣椒洗净切丝；黄瓜洗净切条；牛肚
洗净切丝，放入加醋的凉水中浸泡约 60
分钟，然后捞出沥干水分。

② 锅中倒食用油，油热后倒入牛肚丝翻炒，
加酱油调味，盛出备用。

③ 锅中倒油，下干辣椒爆香，倒入牛肚丝、
黄瓜条翻炒，加醋、味精、盐调味，
最后用苏打粉勾芡，淋上香油、白酒
即成。

·营养贴士· 此菜有健脾开胃、补虚益精的
功效。

爆**腰花**

主 料 猪腰1对，鸡蛋1个，红辣椒、丝瓜片各少许

配 料 植物油、绍酒、酱油、醋、白糖、精盐、鸡精、葱末、蒜末、姜片、水淀粉各适量

·操作步骤·

① 猪腰片成两半，除脂皮，片去腰臊，切斜十字花刀，然后改切成片，加蛋清及少许水淀粉拌均匀。

② 取小碗加入酱油、白糖、醋、精盐、鸡精、水淀粉调拌匀，兑成芡汁。

③ 炒锅加植物油，烧至八成热时，下入浆好的腰花，滑散、滑透，倒入漏勺，原锅留少许油，用葱末、姜片、蒜末、红辣椒炝锅，烹绍酒，下入丝瓜片煸炒，再放入腰花，淋入兑好的芡汁，翻熘均匀，出锅装盘即可。

·营养贴士· 此菜有补肾壮阳、固精益气的功效。

·操作要领· 猪腰子切片后，为去臊味，用葱姜汁泡约2小时，换两次清水，泡至腰片发白膨胀即成。

家常炒羊肉丝

主料 羊肉 400 克

配料 干红辣椒、蒜片、姜丝、精盐、味精、香辣酱、茶油各适量

·操作步骤·

① 将羊肉洗净，切丝备用；干红辣椒洗净切丝。

② 锅中加入茶油烧至七成热，先放入香辣酱炒香，再放入羊肉丝炒匀，加入姜丝，然后放入蒜片，再加入精盐、味精调味即可。

·营养贴士· 此菜有温中健脾、增强免疫的功效。

爆炒兔丁

主料 兔肉 400 克，胡萝卜、黄瓜各 100 克

配料 精盐、料酒、花椒、豆瓣酱各适量

·操作步骤·

① 兔肉洗净切丁，用精盐和料酒腌渍 10 分钟；胡萝卜、黄瓜洗净，分别切丁。

② 热锅置油烧热，放入兔肉，大火爆炒至变色，然后放入花椒、豆瓣酱炒出香味，再放入胡萝卜、黄瓜翻炒，最后放入精盐调味即可。

·营养贴士· 此菜有健脑益智、祛病强身的功效。

烹炒
肝腰

主料 鲜猪肝、鲜猪腰各
200 克，香芹、青椒、
红椒各 30 克

配料 生粉 20 克，绍酒 15
克，姜汁 10 克，食
盐 5 克，鸡精 3 克，
植物油、白醋各适量

·操作步骤·

① 猪肝洗净，切薄片；猪腰
一切两半，除去白色膜腺，
切片，在一面斜剞十字花
刀。

② 猪肝、猪腰放在碗内，加
入生粉、适量食盐、少许
水调匀挂浆；香芹切段；
青椒、红椒切片待用。

③ 白醋、绍酒、食盐、姜汁、
鸡精放入小碗内，调成料
汁。

④ 炒锅中加入植物油，烧至
六成熟时，下入香芹段、
青椒片、红椒片爆香，随
即下入猪肝、猪腰，炒匀
断生，烹入料汁，继续翻
炒至熟即可。

·营养贴士· 此菜有补肾壮阳、固精益气的功效。
·操作要领· 芹菜叶中所含的胡萝卜素和维生素 C
比茎多，因此吃时不要把能吃的嫩叶
扔掉。

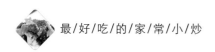
小炒驴肉

主料▷ 熟驴肉 200 克，
洋葱 1 个，香菜、
芹菜各 1 棵

配料▷ 葱花、食用油、
食盐、味精各适
量

操作步骤

① 准备所需主材料。

② 将洋葱、驴肉、芹菜分别切成丁；香菜切碎。

③ 锅内放入食用油，待油热后放入葱花爆香，然后放入洋葱、芹菜翻炒片刻。

烹饪心得

营养贴士：此菜有益气补血、调和脏腑的功效。
操作要领：选购芹菜时，梗不宜太长，20 ～ 30
厘米为宜，短而粗壮的为佳，菜叶要
翠绿、不枯黄。

④ 放入驴肉翻炒至熟，再放入香菜略炒，加入食盐和味精调味即可。

傻人**肥肠**

<table>
<tr><td>主 料</td><td>猪大肠 500 克，油菜 100 克，胡萝卜、青豆各 50 克</td></tr>
<tr><td>配 料</td><td>花生油 25 克，酱油 8 克，白糖、味精各 2 克，料酒、醋各 3 克，精盐 3 克，淀粉 10 克，葱 5 克，姜 3 克，高汤适量</td></tr>
</table>

·操作步骤·

① 猪大肠洗净切段，加酱油、料酒腌渍 10 分钟。

② 胡萝卜洗净切丁；葱、姜切末；青豆放入开水锅中煮 8 分钟；油菜洗净焯熟，摆入盘中；淀粉加水调成芡汁备用。

③ 锅内放花生油烧热，下入葱末、姜末爆出香味，然后倒入大肠煸炒，再加入酱油、精盐、料酒、白糖、醋及高汤，烧透，最后放入胡萝卜、青豆和味精翻炒几下，用水淀粉勾芡出锅，盛在油菜上面即可。

·营养贴士· 此菜有润肠治燥、防治便秘的功效。

·操作要领· 猪大肠异味较重，清洗时，需要将猪肠放在淡盐醋混合溶液中浸泡片刻，摘去脏物，再将其放入淘米水中泡一会儿，然后在清水中轻轻搓洗两遍。

辣爆羊肚

主料 羊肚300克，小米椒30克，酸辣椒适量

配料 香醋20克，白糖15克，葱花10克，食盐5克，鸡精3克，植物油适量，湿淀粉、胡椒粉各少许

·操作步骤·

① 羊肚洗净，放入清水中煮熟，捞出切成条；小米椒洗净，斜切圈；酸辣椒切条。

② 食盐、香醋、白糖、胡椒粉、鸡精、湿淀粉调成酱汁待用。

③ 锅置旺火上，加入植物油烧热，下入葱花、小米椒、酸辣椒爆炒出香味，再下入羊肚、酱汁一起翻颠至熟即成。

·营养贴士· 此菜有健脾补虚、固表止汗的功效。

·操作要领· 羊肚清洗方法：先用醋和盐撒在羊肚的内部，反复洗多次，再加入面粉洗，最后用清水，反复搓洗多次就可以了。

家禽类小炒

Chapter 3

丝瓜炒鸡蛋

主料 丝瓜 400 克，鸡蛋 4 个

配料 植物油 70 克，葱花、姜丝各 15 克，红椒丝 10 克，精盐、鸡粉各 10 克，味精 5 克，白糖 1/4 匙

·操作步骤·

① 蛋磕入碗中搅散；丝瓜去皮洗净，切成片，下入加有适量精盐、植物油的沸水中焯烫一下，捞出冲凉沥干备用。

② 锅上火，加油烧热，倒入鸡蛋液炒成蛋花，盛出沥油备用。

③ 锅中留底油烧热，下入葱花、姜丝炒香后捞出，再放入丝瓜片、红椒丝、精盐、味精、白糖、鸡粉翻炒，最后放入蛋花翻炒均匀即可出锅。

·营养贴士· 此菜有清暑凉血、解毒通便的功效。

苦瓜炒土鸡蛋

主料 苦瓜 200 克，土鸡蛋 2 个

配料 红辣椒、食用油、食盐各适量

·操作步骤·

① 准备所需主材料。

② 将苦瓜去瓤后切片；土鸡蛋磕入碗内搅拌均匀；红辣椒切丝。

③ 锅内放入食用油，油热后把蛋液倒入锅内煎熟，盛出备用。

④ 锅内留少许底油，放入苦瓜、辣椒丝、食盐，翻炒至八成熟把鸡蛋回锅，翻炒至熟即可。

·营养贴士· 此菜有清暑解渴、促进消化的功效。

春笋
炒鸡蛋

主料 春笋 250 克，鸡蛋 3 个，胡萝卜 30 克

配料 葱粒 10 克，精盐、生抽、白糖、植物油各适量

·操作步骤·

① 春笋洗净，放入沸水中氽烫 2 分钟，切丁；胡萝卜洗净切丁；鸡蛋打散。

② 炒锅中倒植物油烧热，把鸡蛋倒入锅中，边倒边用筷子划成蛋絮盛出。

③ 锅中置植物油烧热，放入春笋、胡萝卜翻炒几下，然后加入炒好的鸡蛋、葱粒，加精盐、生抽和白糖拌炒均匀即可上碟。

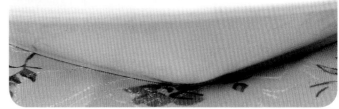

·营养贴士· 此菜有清热化痰、益气和胃的功效。

·操作要领· 青笋本身带有涩味，所以要在沸水中氽烫一下。

玉米炒鸡蛋

主料 玉米粒 150 克，鸡蛋 3 个，火腿丁 30 克，青豆 10 克，胡萝卜丁 20 克，松子仁 10 克

配料 植物油、精盐、味精各适量

·操作步骤·

① 将胡萝卜丁、玉米粒、青豆一起放入沸水中煮熟；鸡蛋打散。

② 锅内注植物油，倒入蛋液，见其凝固时盛出，再放植物油，接着放玉米粒、胡萝卜丁、青豆、火腿丁和松子仁炒香，最后放蛋块，加精盐、味精炒匀即可。

·营养贴士· 此菜有养心安神、滋阴润燥的功效。

黄瓜炒鸡蛋

主料 黄瓜 150 克，鸡蛋 4 个

配料 色拉油、盐、味精、姜丝、香油各适量

·操作步骤·

① 将黄瓜洗净，切片；鸡蛋打入碗内，调入少许盐搅匀备用。

② 净锅上火，倒入色拉油烧热，下姜丝爆香，放入鸡蛋液炒熟，再下入黄瓜，放入盐、味精翻炒一会儿，出锅前淋香油即可。

·营养贴士· 此菜有减肥强体、健脑安神的功效。

滑蛋**虾仁**

主 料 鲜虾仁 250 克，鸡蛋液 260 克

配 料 葱 1 棵，精盐、味精各 5 克，干淀
粉 3 克，胡椒粉少许，小苏打、芝
麻油、植物油各适量

·操作步骤·

① 葱洗净切花；鲜虾仁洗净，用毛巾吸干
水分；把鸡蛋液、味精、精盐、干淀粉、
小苏打一并放在碗中搅成糊状，再加入
已吸干水分的鲜虾仁搅匀，放入冰箱腌

120 分钟取出。

② 将余下的鸡蛋液加入精盐、味精、胡椒粉、
植物油，搅拌成蛋浆。

③ 平底锅放少许油，油热后倒入蛋浆和虾。

④ 待蛋浆开始凝固时将蛋炒散，再轻轻翻
炒至熟即可。

·营养贴士· 此菜有开胃化痰、益气滋阳
的功效。

·操作要领· 将虾仁先加调料腌制，可以
更好地入味。

茄子炒鸡蛋

主料 茄子 200 克，鸡蛋 3 个，红椒 30 克

配料 豆油 100 克，料酒 10 克，姜丝、鸡精、食盐各适量

·操作步骤·

① 茄子洗净，切条；红椒清洗后切成片，鸡蛋加入料酒打散备用。

② 平底锅热后放适量豆油，放入鸡蛋摊熟，盛出备用。

③ 换炒锅，倒入适量豆油，加热后放入姜丝煸香，先后放入红椒和茄子，放食盐，翻炒至九成熟后放入鸡蛋翻炒，熟后加入鸡精即可。

·营养贴士· 此菜有补充维生素和蛋白质的功效。

蛋黄炒茄排

主料 茄子 200 克，咸蛋黄 2 个

配料 料酒 15 克，盐、味精各 5 克，红椒少许，植物油、淀粉各适量

·操作步骤·

① 茄子去皮，洗净切成条，加料酒和盐腌约 15 分钟，然后挤干水分，裹上一层淀粉备用。

② 咸蛋上锅蒸熟，然后压碎；红椒切丁。

③ 锅置火上，倒植物油烧热，下茄子以小火炸至表皮酥脆。

④ 锅留底油，下咸蛋黄翻炒片刻，再加入茄子、红椒丁炒匀，加味精调味即成。

·营养贴士· 此菜有清热解毒、延缓衰老的功效。

香糟鸡丝

主料 鸡脯肉 300 克，熟冬笋 150 克，香芹梗 50 克

配料 红糟 30 克，黄酒 10 克，白糖 10 克，食盐 3 克，淀粉 15 克，清汤 25 克，精制油、蛋清各适量

·操作步骤·

① 鸡脯肉切成 5 厘米长的细丝，加少许食盐拌匀后用蛋清、淀粉调成的蛋糊上浆；冬笋切成 4 厘米长的丝；香芹梗切段。

② 锅中油至四成热时放入鸡丝滑炒至熟；再放入笋丝、香芹段；炒熟后倒出沥油。

③ 锅中留余油，放入红糟略炒，烹入黄酒，加白糖、食盐、清汤，2 分钟后放入鸡丝、笋丝、香芹段，迅速翻炒两下即起锅装盘。

·营养贴士· 此菜有温中益气、强健身体的功效。

·操作要领· 鸡丝不要切太细，容易炒断。

辣味鸡丝

主料 鸡脯肉 150 克，笋 100 克

配料 植物油、盐、味精、胡椒粉、红椒丝、姜、辣椒油各适量

·操作步骤·

① 鸡脯肉切丝待用；笋洗净切丝；姜切丝备用。

② 锅放植物油烧至四成热，下鸡丝过油炒散，待用。

③ 锅留底油，下姜丝炒香，倒入鸡丝、笋丝、红椒丝翻炒，加辣椒油、盐、味精、胡椒粉调味，翻炒均匀即可。

·营养贴士· 此菜有增强体力、强壮身体的功效。

青椒炒白鸡

主料 鸡肉 500 克，青椒 100 克

配料 植物油、辣酱、食盐、葱、蒜、姜、酱油、陈醋、鸡精各适量

·操作步骤·

① 鸡肉洗净切块；姜、青椒洗净切片备用。

② 烧开清水，把鸡块放入 1 分钟，捞出。

③ 油锅烧至七分热，先后放入姜片、青椒、葱、蒜、辣酱略炒，然后放入鸡块爆炒，中途淋少许陈醋。

④ 待鸡块炒熟放入酱油翻炒，最后加入食盐、鸡精炒匀即可出锅。

·营养贴士· 此菜有温中益气、补虚填精的功效。

五彩
鸡丝

主 料▶ 鸡脯肉 100 克，
青笋、胡萝卜各
30 克，黄甜椒、
香菇各 10 克

配 料▶ 大豆油、香油、
葱末、姜末、精
盐、味精、料酒、
水淀粉各适量

·操作步骤·

① 将鸡脯肉、青笋、胡萝卜、
香菇、黄甜椒分别切丝。

② 将鸡肉丝放入容器，加
入精盐、料酒，再用水
淀粉抓匀上浆。

③ 用水、料酒、精盐、味精、
水淀粉调成芡汁备用。

④ 锅内倒大豆油，烧至
三成热时，下鸡肉丝，
炒熟后盛出。

⑤ 锅内留底油，放入葱末、
姜末炒香，然后放入冬
瓜丝、香菇丝、胡萝卜
丝、青椒丝和鸡肉丝，
煸炒片刻，加入芡汁炒
匀，淋上香油即可。

·营养贴士· 此菜有清热去火、消肿利尿的功效。

·操作要领· 青笋炒的时间过长就不脆爽了，可以晚
些再放。

炒鸡块

主料 鸡脯肉 500 克，丝瓜 1 根，洋葱半个

配料 红椒 1 个、葱末、姜末、生抽、醋、料酒、盐、植物油各适量

·操作步骤·

① 鸡脯肉切小块；红椒、洋葱切丝；丝瓜去皮切条，放入沸水中加盐焯熟捞出摆在盘底。

② 锅内倒植物油，下葱、姜爆香，倒入鸡块，并加适量的醋和料酒，不停地煸炒，将鸡肉的血水炒出来，鸡肉不会有腥味，直到鸡肉变色发干。

③ 加适量盐、生抽，再小炒一会儿，使之入味，加红椒丝、洋葱丝翻炒至熟，起锅放在丝瓜上即可。

·营养贴士· 此菜有增强体力、强壮身体的功效。

重庆辣子鸡

主料 整鸡 1 只

配料 花椒、干辣椒、葱、熟芝麻、精盐、味精、料酒、食用油、姜、蒜、白糖各适量

·操作步骤·

① 将鸡切成小块，放精盐和料酒拌匀后，放入八成热的油锅中，炸至外表变干成深黄色后捞起待用；葱切成 3 厘米长的段；姜、蒜切片。

② 锅里烧食用油至七成热，倒入姜片、蒜片炒出香味后，按一定的比例倒入干辣椒和花椒，翻炒至出辣味，倒入炸好的鸡块炒匀，撒入葱段、味精、白糖、熟芝麻，炒匀后起锅即可。

·营养贴士· 此菜有补虚健胃、活血通络的功效。

板栗**炒鸡块**

主 料▶ 鸡肉 250 克，栗子肉 100 克

配 料▶ 植物油 150 克，料酒 20 克，酱油
15 克，青椒、红椒各 1 个，葱段、
白糖、醋、香油、精盐、生粉各适
量

·操作步骤·

① 将鸡肉洗净切成小块，加入精盐、料酒
搅匀，再用生粉、水调稀搅拌上浆。

② 青、红椒洗净切丝；在空碗中倒入料酒、
酱油、醋，再加入适量白糖，用生粉、

水调成芡汁。

③ 将上浆的鸡块倒进油（植物油）锅中用
筷滑散，加入栗子肉、青椒丝、红椒丝
爆炒，待鸡肉变成玉白色时捞出，沥干油。

④ 锅中重新热油（植物油），油热后下葱
段爆香，倒入鸡块和栗肉；芡汁中倒入
少许清水，搅匀倒入锅中，翻炒片刻，
淋入香油即可出锅。

·营养贴士· 此菜有强身壮骨、益胃平肝
的功效。

·操作要领· 板栗一定要煮熟。

干炒**辣子鸡**

主 料 小母鸡 1 只

配 料 植物油 50 克，干红辣椒 6 克，芹菜、蒜片、生姜、精盐、味精、醋、花椒、水淀粉、鸡汤、香油各适量

·操作步骤·

① 活小母鸡宰杀，去毛，开膛，摘除内脏后，洗净放开水锅中煮至七成熟，捞出后稍凉，剁成 5 厘米长、2 厘米宽的骨排块，然后放在油锅里炸熟。

② 干红辣椒切成小段；芹菜切成小段；生姜切丝待用。

③ 锅内倒入植物油烧至六成热时，下花椒炸出香味后捞出，倒入芹菜段、蒜片、姜丝、干红辣椒煸炒几下，再倒入鸡块煸炒，加精盐、味精、醋、鸡汤稍焖，待鸡汤快收干时，放水淀粉勾芡，淋入香油，出锅盛盘。

·营养贴士· 此菜有温中益气、补虚健脾的功效。

松仁**花椒鸡**

主 料 鸡腿 2 个，青椒、红椒各 3 个

配 料 鲜花椒、干辣椒、松仁、精盐、料酒、鸡精、色拉油各适量

·操作步骤·

① 鸡腿洗净剁小块，用盐腌一小会儿；青椒、红椒洗净切段；干辣椒切段。

② 锅中倒色拉油烧热，放入干辣椒段、鲜花椒炒香，放入鸡块翻炒一会儿，烹入料酒，继续翻炒至鸡块变色。

③ 加入青椒、红椒、松仁一起翻炒至入味，出锅前加入精盐、鸡精调味即可。

·营养贴士· 此菜有温中益气、补虚填精的功效。

香辣薯仔鸡

主 料▶ 仔鸡1只，薯仔350克

配 料▶ 绍酒3茶匙，花椒子1克，醋2茶匙，植物油、干辣椒段、盐、葱花、生粉、酱油各适量

·操作步骤·

① 薯仔去皮，洗净切滚刀块；仔鸡处理干净，切成块，加绍酒、酱油、醋、生粉拌匀；花椒子拍碎。

② 锅置火上，倒入植物油，七成热时下鸡块翻炒约20秒钟捞出，然后继续热油，待油七成热时再次下入鸡块，炸至金黄色捞出。

③ 锅留底油，六成热时下花椒子、干辣椒段、盐翻炒，倒入鸡块、薯仔炒熟，最后撒上葱花即可。

·营养贴士· 此菜有增强体力、强壮身体的功效。

·操作要领· 炸鸡块时，油一定要烧得热些，如果火小了，鸡肉下去很长时间外表也是炸不干的，如果长时间炸，最后做出的鸡肉很硬，且口感不好。

黑椒**鸡脯**

主料▶ 鸡脯肉 300 克

配料▶ 奶油 30 克，生抽、白酒各 10 克，
蒜 5 克，食盐、黑椒粉各 3 克

·操作步骤·

① 先将鸡脯肉洗净，用刀背交叉拍松，再
用食盐、黑椒粉、生抽、白酒腌渍；蒜
切块备用。

② 锅加热，放入奶油，加热至熔解，再放
入鸡脯肉和蒜块，用中火翻炒至两面都
呈现出金黄色捞出装盘，即成。

营养贴士 此菜有补虚健胃、强筋壮骨的
功效。

芽菜**炒鸡粒**

主料▶ 鸡肉 250 克，油炸花生米、芽菜各
适量

配料▶ 红辣椒、水淀粉、食用油、食盐各
适量

·操作步骤·

① 把油炸花生米碾成碎末。

② 把鸡肉切丁；红辣椒剁碎。

③ 在水淀粉中放入适量食盐。

④ 锅内放入食用油，待油热后，把鸡丁裹
上水淀粉，放入油锅中翻炸片刻捞出。

⑤ 锅内留少许底油，放入芽菜、红辣椒翻炒，
放入鸡丁翻炒至熟，撒上碎花生米即可。

营养贴士 此菜有补虚健胃、活血通络的
功效。

川菜
辣子鸡

主 料 🖙 鸡腿 350 克

配 料 🖙 干红辣椒 30 克，葱、
姜、蒜、花椒、酱油、
食用油、食盐、味精
各适量

·操作步骤·

① 将鸡腿剁成适口小块，放
盐腌一下；葱切段；蒜
和姜切片；干红辣椒切
段。

② 锅内放入食用油，油热
后放入鸡腿炸熟，捞出
控油。

③ 锅内留少许底油，放入
花椒、干红辣椒段、葱段、
蒜片、姜片爆香，放入
鸡腿、酱油翻炒均匀，
至熟后放入食盐、味精
调味即可。

·营养贴士· 此菜有补虚健胃、强筋壮骨的功效。

·操作要领· 腌渍时一定要放足盐，因为油炸后的鸡肉是难以吸收盐分的。

芹黄**炒鸡条**

主 料 鸡腿肉 200 克，芹黄 100 克

配 料 红辣椒 1 个，精盐 4 克，酱油、醋
各 5 克，绍酒 10 克，生姜 10 克，
化猪油 75 克，水淀粉 30 克，鲜汤
适量

·操作步骤·

① 鸡腿肉洗净切条，加入绍酒、精盐、水
淀粉拌匀；在空碗中倒入精盐、酱油、醋、
绍酒、鲜汤、水淀粉兑成调味汁备用。

② 红辣椒切丝；芹黄洗净切段；生姜切丝。

③ 锅中热油（化猪油），六成热时倒入鸡
条煎炸。最后放入生姜丝、芹黄和辣椒
丝翻炒，淋入调味汁，汤汁收紧时即可
出锅。

·营养贴士· 此菜有温中益气、补虚填精的
功效。

西蓝花**炒鸡丁**

主 料 西蓝花 250 克，鸡脯肉 300 克，胡萝
卜 80 克，青豆 30 克

配 料 植物油 80 克，生抽、料酒、白糖、
食盐、蒜各适量

·操作步骤·

① 鸡脯肉切丁，加入食盐、白糖、料酒、
生抽拌匀，腌渍 10 分钟；胡萝卜去皮，
洗净切丁。

② 蒜切末；西蓝花切小朵，用水焯一下。

③ 锅置火上，放入植物油，五成热时加入
蒜末和鸡丁，炒至鸡丁变色时加入胡萝
卜、青豆，加入少许食盐略炒。

④ 放入西蓝花、白糖，翻炒均匀，至熟即可。

·营养贴士· 此菜有补脾和胃、美容养颜的
功效。

香酥**鸡丁**

主料 鸡柳 300 克，青杭椒、红杭椒各 1 个

配料 香炸粉 100 克，鸡蛋 1 个，米酒 20 克，生抽 15 克，蒜片 15 克，食盐 5 克，白胡椒粉少许，植物油适量

·操作步骤·

① 鸡柳洗净控水，切成丁状，加入米酒、白胡椒粉、生抽、少许食盐抓匀，腌渍 30 分钟；青杭椒、红杭椒洗净，切圈。

② 鸡蛋打散，与香炸粉搅打均匀，做成炸浆，将鸡丁均匀地裹上炸浆，放入盘中。

③ 锅中放多些植物油，七成热时下入鸡丁以中火炸至金黄色，捞起控油。

④ 锅中留少许底油，油热后下入青、红杭椒圈以及蒜片炒香，再下入炸好的鸡丁炒匀，即可出锅。

·营养贴士· 此菜有增强体力、强壮身体的功效。

·操作要领· 鸡肉提前腌一下，这样比较入味。

酸辣鸡杂

主 料 鸡杂600克（鸡心、鸡肝、鸡胗各200克）

配 料 精盐、香菜、大蒜、姜丝、红辣椒、白酒、生醋、味精、植物油各适量

·操作步骤·

① 鸡杂洗净切片；红辣椒斜刀切段；香菜洗净切段。

② 炒锅置火上，放鸡杂煸炒至水干，装盘备用。

③ 将炒锅洗净烧干水分，放入植物油加热，放入大蒜、姜丝炒香，放入鸡杂，炒至出香味时滴几滴白酒，放入生醋，将切好的红辣椒、香菜段放入锅里一起翻炒，放精盐、味精调味，起锅装盘即可。

·营养贴士· 此菜有温中益气、强健筋骨的功效。

麻辣鸡脆骨

主 料 鸡脆骨350克

配 料 大蒜50克，青辣椒、干红辣椒各1个，香葱30克，姜3片，嫩肉粉、水淀粉、酱油、蚝油、香油、料酒、胡椒粉、精盐、糖各少许，植物油适量

·操作步骤·

① 将鸡脆骨洗净，加入嫩肉粉、水淀粉、酱油、胡椒粉、香油上浆；干红辣椒切成小辣椒圈；青辣椒切小片；蒜切成小块。

② 鸡脆骨过油捞出备用，酱油、蚝油、香油、料酒、胡椒粉、精盐、糖装在碗内拌匀调成汁。

③ 锅倒植物油烧热，放入姜片炒香，拣出，再加入红辣椒圈、青辣椒片、蒜爆香，加入鸡脆骨，烹入调好的汁翻炒至收汁，撒上香葱即可。

·营养贴士· 此菜有温中益气、补虚填精的功效。

麻辣**鸡爪**

操作步骤

主 料 鸡爪 350 克

配 料 干辣椒、小葱段、辣椒酱、麻椒、食用油、食盐、味精各适量

准备所需主材料。

把鸡爪剁成块。

锅内放入食用油，油热后放入辣椒酱、干辣椒段翻炒片刻。

锅内放入麻椒、鸡爪翻炒片刻，放入适量水，小火炖煮，大火收汁，等鸡爪熟后放入食盐、味精调味，最后放入小葱段即可。

烹饪心得

营养贴士：此菜有软化血管、美容养颜的功效。

操作要领：鸡爪的蹼一定要去掉，否则不仅不卫生还影响口感。

香辣苦瓜回锅鸭

主料 鸭肉 500 克，苦瓜 1 根

配料 辣椒 1 个，辣椒酱、酱油、干辣椒段、食用油、食盐、味精各适量

·操作步骤·

① 把苦瓜和辣椒切成片，把鸭肉煮熟后切成块。

② 锅内放入食用油，油热后放入辣椒酱、酱油、干辣椒段爆香，然后放入鸭肉，翻炒至变色。

③ 放入苦瓜和辣椒翻炒至熟，放入食盐、味精调味即可。

·营养贴士· 此菜有养胃生津、清热健脾的功效。

红烧鸭块

主料 鸭子 500 克

配料 桂皮、大料、姜、葱、白糖、酱油、料酒、食用油、食盐、味精各适量

·操作步骤·

① 把姜切片，葱切斜段，鸭子切块。

② 锅内放入食用油，油热后放入白糖炒糖色，放入姜、葱、桂皮、大料翻炒片刻，再放入鸭块、酱油、料酒继续翻炒。

③ 锅内放入少量水，将鸭肉炖煮至熟后放入食盐、味精调味即可。

·营养贴士· 此菜有促进消化、美容养颜的功效。

煳辣鸡胗

主料 鸡胗300克，香芹30克

配料 米酒25克，姜片、蒜片各15克，生抽15克，老抽10克，食盐3克，藤椒、干辣椒段、植物油各适量，鸡精少许

·操作步骤·

① 将鸡胗表面的膜撕去，洗净备用；香芹洗净，切段。

② 鸡胗对半切断，在其中一半要先横向切条状不要切断，再纵向切条状不要切断，打好花刀。

③ 切好的鸡胗，用生抽、老抽、米酒、少许食盐拌匀，腌渍15分钟。

④ 炒锅加植物油烧热，放入鸡胗滑熟，捞出控油。

⑤ 锅中留底油，放入姜片、蒜片、干辣椒段、藤椒炒出香味，待干辣椒部分成棕黄色，放入鸡胗、香芹，调入食盐、鸡精，再加少许清水，炒至水分收干即可。

·营养贴士· 此菜有消食导滞、滋补养身的功效。

·操作要领· 不会切花刀的也可以直接将鸡胗切片，不过会影响摆盘效果。

腰果**五彩鸭丁**

主料 鸭脯 200 克，熟腰果、青豆、胡萝卜各 50 克

配料 红椒 50 克，葱白 30 克，料酒 25 克，水淀粉、生抽各 15 克，白糖 10 克，食盐 3 克，干辣椒段、植物油各适量，鸡精、胡椒粉各少许

·操作步骤·

① 鸭脯去除鸭皮，切成丁，用料酒、水淀粉、少许抓匀，食盐腌渍 15 分钟。

② 胡萝卜洗净，切小丁；红椒洗净，切小块；葱白斜切段。

③ 锅中加入植物油，油热后，放葱段、干辣椒段爆香，放入鸭脯肉翻炒至变色。

④ 下入青豆、胡萝卜、红椒，调入生抽、白糖、食盐、鸡精、胡椒粉及少许水，大火翻炒均匀，待汤汁快收干下入腰果，翻炒均匀即可。

·营养贴士· 此菜有强身健体、美容养颜的功效。

葱炒**鸭胸肉**

主料 鸭胸肉 200 克，洋葱 1 个，木耳 5 克，油菜少许

配料 盐 1/4 小勺，料酒、生粉各 1 大勺，胡椒粉、生抽各 1/2 小勺，植物油适量

·操作步骤·

① 鸭胸肉去皮，洗净后切片；洋葱剥皮切片；木耳泡发；油菜洗净切片。

② 鸭胸肉放入空碗中，加料酒、盐、胡椒粉、生抽腌约 10 分钟；然后用生粉抓匀。

③ 锅置火上，倒植物油烧热，放入鸭胸肉翻炒，变色后盛出备用。

④ 锅留底油，下洋葱、木耳、油菜翻炒片刻，再倒入炒过的鸭胸肉炒匀即可。

·营养贴士· 此菜有滋补养身、美容养颜的功效。

小炒鸭掌丝

主 料 鸭掌 300 克，胡萝卜、绿豆芽各
　　　　 30 克，青椒、红椒各 50 克

配 料 卤水 500 克，姜末、蒜末各 10 克，
　　　　 鸡精 5 克，食盐 3 克，植物油适量

·操作步骤·

① 鸭掌洗净，入沸水锅中氽 2 分钟，捞出
　洗净。

② 鸭掌入烧沸的卤水中小火卤 10 分钟，取
　出去骨，鸭掌肉切丝。

③ 青椒、红椒、胡萝卜洗净，切丝；绿豆

芽去头、尾，洗净。

④ 锅中加入植物油烧热，放入姜末、蒜末
　爆香，入绿豆芽、辣椒丝、胡萝卜丝、
　鸭掌丝大火炒熟，用食盐、鸡精调味后
　出锅装盘即可。

·营养贴士· 此菜有平衡膳食、美容养颜
　　　　　　　的功效。

·操作要领· 鸭掌去骨需要非常专业的手
　　　　　　　法，日常做菜一般选用超
　　　　　　　市直接去骨的鸭掌就好。

炒鸡肝

主料 鸡肝500克，洋葱半个，红椒碎适量

配料 孜然、食用油、酱油、盐、味精各适量

操作步骤

准备所需主材料。

将鸡肝切成适口小块，将洋葱切成小丁。

锅内放入食用油，待油热后放入酱油、孜然、红辣椒碎、洋葱丁煸香。

放入鸡肝继续煸炒，至熟后放入盐、味精翻炒均匀即可。

营养贴士：此菜有补血养身、美容养颜的功效。

操作要领：新鲜的鸡肝是扑鼻的肉香，变质的鸡肝会有腥臭等异味，不能选用。

脆皮**麻鸭**

主料▶ 麻鸭（已处理）1只

配料▶ 饴糖50克，料酒30克，香油20克，葱段、姜片各15克，醋15克，食盐、淀粉各10克，大料、陈皮、甘草、花椒各5克，植物油适量，胡椒粉少许

·操作步骤·

① 葱段、姜片、大料、陈皮、甘草、花椒用布包好，放入锅中，加食盐、胡椒粉和足够的水，在旺火上煮1小时。

② 取出香料包，放入洗净的麻鸭，使鸭身浸没在汤内，煮熟捞出，晾干。

③ 碗中放入饴糖、料酒、醋、淀粉调成糊状，均匀涂在鸭身上，吹干，再抹一层香油。

④ 在温油（植物油）锅中将油用勺灌入鸭腹腔内，倒出，如此反复多次，使鸭腔内温度升高，再用沸油淋浇鸭全身，至皮脆止，趁热斩成块即成。

·营养贴士· 此菜有软化血管、美容养颜的功效。

·操作要领· 步骤③，除了吹干，也可以把鸭子烘干。

年糕八宝鹅丁

主料▶ 鹅脯肉 200 克，芹菜、茄子、年糕
各 50 克，熟花生米 30 克

配料▶ 红椒 30 克，料酒 30 克，淀粉 20 克，
生抽 15 克，姜末、蒜末各 5 克，
食盐 3 克，白糖、鸡精各少许，植
物油适量

·操作步骤·

① 鹅脯肉切成小丁，放入少许食盐、料酒、
植物油、淀粉，腌渍片刻。

② 芹菜、茄子、年糕洗净，切成小丁；红
椒洗净，切小粒。

③ 锅中放入适量油烧热，放入姜末、蒜末
爆香，放入鹅肉丁翻炒至变色，加入芹菜、
茄子、年糕、红椒、花生米翻炒一会儿，
调入剩余辅料，翻炒至主料熟即可。

·营养贴士· 此菜有补虚益气、暖胃生津的
功效。

鸽蛋烧蹄筋

主料▶ 蹄筋 200 克，青辣椒、红辣椒各 2 个，
火腿 1 小块，熟鸽蛋适量

配料▶ 葱段、麻油、酱油、白糖、食用油、
食盐、味精各适量

·操作步骤·

① 将蹄筋切成小段。

② 将青辣椒、红辣椒切成辣椒圈；火腿切
成菱形薄片；鸽蛋去壳。

③ 锅内放入食用油，油热后放入白糖、蹄
筋、酱油、葱段、火腿、鸽蛋翻炒。

④ 至熟后放入青辣椒圈、红辣椒圈，再放
入食盐、味精，翻炒均匀后即可出锅。
菜品出锅后，淋上麻油即可。

·营养贴士· 此菜有美容养颜、清热解毒的
功效。

炒妙龄
乳鸽

主 料 乳鸽 1 只

配 料 面粉 100 克，蛋清
50 克，米醋 30 克，
白糖 30 克，老抽
25 克，料酒 20 克，
生抽 15 克，葱花
10 克，食盐 3 克，
植物油适量

·操作步骤·

① 鸽子洗净，剁小块，冲
去血水，沥干，放入碗中，
加入老抽、料酒、少许
食盐腌渍 15 分钟。

② 面粉、蛋清、少许食盐、
水拌匀成面糊，将乳鸽
块裹上面糊，下入油锅
中炸至定型，捞出控油。

③ 锅中留少许底油，下入
葱花煸出香味，放入乳
鸽块，加入生抽、少许
开水，再倒入米醋、白
糖翻炒均匀，加盖改小
火焖 15 分钟。

④ 调入食盐，改大火收至
汤汁浓稠，全部包裹在
乳鸽块上即可。

·营养贴士· 此菜有防止脱发、美容养颜的功效。

·操作要领· 鸽子肉提前腌制一下，是为了更好地
入味。

辣酱鸭胗

主 料 鸭胗适量，青椒、红椒各 200 克

配 料 辣酱 20 克，葱、姜各 20 克，蒜 5 克，油、酱油各适量

·操作步骤·

① 葱切段，姜、蒜切片，青椒、红椒洗净切段；鸭胗洗净，煮好捞出晾晾切片。

② 锅中放底油，油热放葱段、姜末、蒜末爆香一下，然后倒入切好的鸭胗加些酱油，煸炒 2 分钟后倒入青椒和红椒，倒入辣酱大火继续翻炒几分钟，加盖焖 3 分钟即可。

·营养贴士· 此菜有促进消化、美容养颜的功效。

四季豆鸭肚

主 料 熟鸭肚 150 克，四季豆 200 克

配 料 生抽 20 克，干辣椒段 15 克，豆豉酱 10 克，葱花 10 克，蚝油 5 克，食盐 3 克，植物油适量，鸡精少许

·操作步骤·

① 熟鸭肚切段；四季豆择好洗净，切段。

② 锅中烧开水，加入少许食盐，下入四季豆焯熟，捞出控水。

③ 炒锅倒入植物油，烧热后下葱花、干辣椒段、豆豉酱炒出香味，下入四季豆、鸭肚翻炒均匀，调入生抽、蚝油、食盐、鸡精，翻炒均匀即可。

·营养贴士· 此菜有安养精神、益气健脾的功效。

韭菜**炒鸭肠**

主 料 鸭肠 250 克，韭菜 100 克，胡萝卜 50 克

配 料 料酒 20 克，生抽 15 克，姜丝 10 克，香油 5 克，食盐 3 克，植物油适量，白糖、鸡精各少许

·操作步骤·

① 将鸭肠洗净切条，放入沸水锅内氽烫后，捞出过凉水，沥干待用。

② 韭菜洗净，切段；胡萝卜洗净，切成丝。

③ 起锅热植物油，爆香姜丝，放入胡萝卜丝，再加入韭菜、食盐、鸡精、白糖、料酒、生抽用旺火翻炒。

④ 待韭菜软化后加入鸭肠拌炒匀，淋入香油即成。

·营养贴士· 此菜有温补肝肾、润肠通便的功效。

·操作要领· 韭菜不用炒太久，老了就没有软嫩的口感了。

山椒**炒鸭肠**

主料▶ 鸭肠 300 克, 山椒 70 克, 青椒 80 克, 洋葱 100 克

配料▶ 植物油、卤汁、食盐、鸡精、胡椒粉、叉烧酱各适量

·操作步骤·

① 鸭肠洗净, 放入卤汁中卤熟待用; 青椒去籽, 洗净切丝; 洋葱洗净切丝; 山椒切段备用。

② 锅内放植物油烧热, 先后下山椒、青椒丝、洋葱爆香, 放入鸭肠爆炒至九成熟时, 加入卤汁、食盐、鸡精、胡椒粉、叉烧酱调味, 继续翻炒至熟, 起锅盛入盘中即成。

·营养贴士· 此菜有养胃生津、补血行水的功效。

椒丝**炒鸭肠**

主料▶ 鸭肠 300 克, 青椒丝 120 克

配料▶ 香油 6 克, 食盐 6 克, 料酒 15 克, 酱油、醋、植物油各适量, 鸡精少许

·操作步骤·

① 把鸭肠处理干净, 放在沸水锅中略焯, 当鸭肠稍卷时浸入凉水中。

② 等鸭肠泡凉后, 捞出切成长段, 然后再放入干净的沸水锅中略焯, 沥净水分备用。

③ 在锅中加适量植物油, 油热后倒入鸭肠翻炒, 用料酒、食盐、酱油、醋、鸡精调味, 鸭肠快熟时, 倒入青椒丝翻炒, 炒熟后装盘点上香油即成。

·营养贴士· 此菜有降脂减肥、健脾活血的功效。

Chapter 4

水产类小炒

抓炒**鱼片**

主料 净鱼肉 400 克，木耳适量，青菜少许

配料 鸡蛋清、猪油、绍酒、胡椒粉、精盐、味精、蒜片、水淀粉各适量

·操作步骤·

① 将鱼肉片成薄片，装碗内，加入鸡蛋清、少许精盐、胡椒粉腌渍调味，上浆，焯水，下入四成热猪油中滑散滑透，倒入漏勺；木耳洗净泡发，撕成小朵；青菜洗净切段。

② 小碗中加入精盐、味精、胡椒粉、水淀粉调制成芡汁备用。

③ 炒锅烧热，加少许底油（猪油），用蒜片炝锅，放入木耳、青菜、鱼肉煸炒，烹绍酒，加入调好的芡汁，翻炒均匀，出锅装盘即可。

·营养贴士· 此菜有预防血栓、理气护心的功效。

小炒**鱼**

主料 草鱼 400 克

配料 淀粉 75 克，精盐 2 克，植物油 500克，酱油 3 克，姜、葱、红椒各 5 克，米酒 4 克，味精 1 克，清汤 150 克，明油适量

·操作步骤·

① 将鱼处理好，洗净，片出鱼肉，用精盐、米酒、酱油腌 5 分钟；姜切片；葱切花；红椒洗净，去籽切碎；小碗内放入清汤、酱油、味精、淀粉和米酒调汁待用。

② 锅中放油，至六成热时，将鱼块裹上淀粉下锅，炸至鱼外表略酥，内断生，捞出滤油。

③ 锅中留底油，入葱花、红椒、姜片炒出香味，加入鱼肉、调汁，用水淀粉勾芡，淋明油即可出锅。

·营养贴士· 此菜有提神益智、滋补体质的功效。

鱼香**瓦块鱼**

主料 青鱼 500 克

配料 湿淀粉 30 克，料酒 20 克，酱油
15 克，豆瓣酱、白糖 10 克，米醋
10 克，食盐、鸡精各 3 克，葱花、
姜末、蒜末、植物油各适量

·操作步骤·

① 青鱼收拾干净，沿背骨片取 2 片鱼肉，
切成 3 厘米长的鱼块，用少许食盐、一
半料酒腌渍片刻，再用湿淀粉拌匀。

② 用白糖、米醋、剩余料酒、酱油、食盐、

鸡精调成鱼香汁。

③ 锅中加植物油烧热，将鱼块依次下入锅
中，待炸至表皮呈浅黄酥脆，捞出控油。

④ 锅中留底油，烧热后将豆瓣酱、姜末、
蒜末下入锅中煸炒出香味，烹入鱼香汁、
少许水煮开，浇在鱼上，撒些葱花拌匀
即可。

·营养贴士· 此菜有补充元素、抗衰防癌
的功效。

·操作要领· 鱼香调味汁，糖∶醋∶生
抽∶料酒=3∶2∶1∶1。

珊瑚**鱼条**

主 料 鳕鱼肉 300 克，冬笋、红彩椒各
50 克，鲜香菇少许

配 料 料酒 15 克，辣椒油 10 克，姜、大
葱各 10 克，食盐 5 克，鸡精 3 克，
麻油适量，白糖少许

·操作步骤·

① 鳕鱼肉洗净，切条；姜、大葱均切细丝；
红彩椒、冬笋、香菇洗净，切丝。

② 锅内放麻油烧热，放姜丝、葱丝炒出香味，
加入冬笋丝、香菇丝、红彩椒丝、鳕鱼
条煸炒，烹入料酒，加入白糖、食盐、
鸡精、清水烧沸，用小火焖烧。

③ 等鱼条熟后改用旺火收汁，淋上辣椒油
即可。

·营养贴士· 此菜有降低"三高"、补气提
神的功效。

生炒**鲫鱼**

主 料 鲫鱼 400 克，青椒、冬笋各 25 克，
水发木耳 10 克

配 料 精盐、鸡粉、料酒、生粉、葱段、姜片、
湿淀粉、植物油、高汤各适量

·操作步骤·

① 将鲫鱼宰杀处理好，洗净沥干，连骨片
成约 2.5 厘米的瓦块形；青椒洗净切丝；
冬笋切片。

② 将鲫鱼片加入少许精盐、鸡粉、葱段、
姜片、料酒腌渍片刻，然后用湿淀粉上浆。

③ 锅中放植物油烧至五成热，下入浆好
的鱼片滑油。

④ 锅留底油，放入葱段、姜末、青椒煸炒，
然后加入高汤、鸡粉、精盐、木耳、冬
笋煮沸，用生粉勾芡，倒入鲫鱼快速翻
炒即可。

·营养贴士· 本菜有补脾开胃的功效。

锅巴鳝鱼

主 料▶ 活鳝鱼 5 条，青、红椒各 1 个，锅巴适量

配 料▶ 姜末、蒜泥各少许，盐、红油、鸡精、植物油各适量

·操作步骤·

① 将米饭平摊在烤盘中，放入阳光下晾晒成小块，放入油锅中炸至金黄色后捞出备用；青、红椒切条。

② 鳝鱼处理干净后，切段，用盐水泡一会儿待用。

③ 锅倒植物油烧热，放入姜末、蒜泥炒香后，倒入红油、鳝鱼以及青、红椒一起炒至鳝鱼肉熟，最后加入盐、鸡精调味。

④ 将锅巴放入准备好的碗中后，再将炒好的鳝鱼倒入装锅巴的碗里即可。

·营养贴士· 此菜有补中益血、治虚祛湿的功效。

·操作要领· 锅巴制作方法：将米饭平摊在烤盘中，放入阳光下晾晒成小块，放入油锅中炸至金黄色后捞出。

家常烧鳝鱼

主料 鳝鱼 500 克

配料 青蒜 2 棵，蒜 1 头，料酒 8 克，辣椒油、酱油各 30 克，糖、醋各 10 克，水淀粉 8 克，植物油 60 克，花椒粒少许

·操作步骤·

① 青蒜洗净切段备用；鳝鱼洗净，切小段，拌入料酒，锅中倒入植物油，用大火爆炒盛出。

② 蒜洗净待用，用植物油爆香花椒粒后捞出，再炒蒜瓣、青蒜，接着放入鳝段及辣椒油、酱油、糖、醋。

③ 大火快速炒匀后用水淀粉勾芡，即可出锅。

·营养贴士· 此菜有补脑健肾、理气培元的功效。

炒黑鱼片

主料 黑鱼肉 400 克，丝瓜 100 克

配料 鸡蛋清、猪油、绍酒、辣椒粉、胡椒粉、精盐、味精、蒜片、水淀粉各适量

·操作步骤·

① 将黑鱼肉片成薄片，装碗内，加入鸡蛋清、少许精盐、胡椒粉腌渍调味，上蛋清浆，焯水，下入四成热猪油中滑散滑透，倒入漏勺；丝瓜去皮、切片。

② 用小碗加入精盐、味精、辣椒粉、水淀粉调制成芡汁备用。

③ 炒锅烧热，加少许底油，用蒜片炝锅，放入丝瓜片煸炒，烹绍酒，入鱼片以及勾兑好的芡汁，翻炒均匀，出锅装盘即可。

·营养贴士· 此菜有补心养阴、补血益气的功效。

炒蝴蝶
鳝片

主料 鳝鱼750克,洋葱、笋各20克

配料 色拉油500克,水淀粉75克,汤25克,酱油20克,姜末、蒜末各10克,料酒15克,精盐8克,香油、白糖、醋、胡椒粉各5克,味精1克,香菜叶少许

·操作步骤·

① 鳝鱼处理干净后切成蝴蝶形状;洋葱切片;笋洗净切段;香菜叶洗净。

② 取空碗,加料酒、酱油、白糖、精盐、味精、汤、水淀粉调成炒菜汁;鳝片上放少许精盐和水淀粉上浆。

③ 锅置火上,倒入色拉油,七成热时下鳝鱼片滑散滑透,捞出控油备用。

④ 原炒锅烧热,下姜末、蒜末爆香,倒入鳝鱼片、洋葱、笋、炒菜汁翻炒,最后淋入香油、醋,撒上胡椒粉、香菜叶即成。

·营养贴士· 此菜有提高记忆、增强体质的功效。

·操作要领· 鳝鱼最好是在宰后即刻烹煮食用,因为鳝鱼死后容易产生组胺,组胺易引发中毒现象,不利于人体健康。

小炒鳝鱼

主 料 鳝鱼3条，红辣椒、青辣椒各1个

配 料 葱、蒜、辣椒酱、豆豉、食用油、食盐、味精各适量

操作
步骤

准备所需主材料。

把鳝鱼宰杀，处理干净，切段；把青辣椒、红辣椒、蒜切成片。

锅内放入食用油，油热后把青辣椒、红辣椒、蒜、葱、豆豉、辣椒酱放入锅中炝锅。

把鳝鱼段放入锅中翻炒至熟，放入食盐、味精调味即可。

营养贴士：此菜有壮阳补虚、活血化瘀的功效。

操作要领：剖洗好鳝鱼，一定要用开水烫去鳝鱼身上的滑腻物，这样烧出来的鳝鱼才更美味。

烧汁**鳗鱼**

主料 鳗鱼 500 克

配料 生菜叶、熟芝麻、蛋清、烧汁酱、精盐、味精、姜汁酒、花生油、淀粉各适量

·操作步骤·

① 将鳗鱼洗净，切成宽 3 厘米、长 5 厘米的块，然后用蛋清、精盐、味精、姜汁酒、淀粉调成糊上浆；生菜叶洗净置盘中备用。

② 锅中倒花生油，油烧至五成热时，放入鳗鱼块，炸至熟透皮酥，捞出沥油。

③ 锅中留底油烧热，倒进烧汁酱，再放入鳗鱼块翻炒均匀，放在铺好生菜叶的盘中，撒上熟芝麻即可。

·营养贴士· 此菜有补虚养血、祛湿抗痨的功效。

猛子虾**炒鸡蛋**

主料 猛子虾 400 克，鸡蛋 3 个，大葱 200 克

配料 食用油、食盐、水淀粉各适量

·操作步骤·

① 蟮子虾洗净，然后放入碗中，再打入鸡蛋。

② 大葱洗净切碎，倒入装虾的碗中，加入适量食盐、水淀粉搅拌均匀。

③ 锅中放食用油，烧至八成热时倒入碗中的食材，大火翻炒，待鸡蛋完全凝固时停火，倒入碗中即可食用。

·营养贴士· 此菜有钙铁双补、健脑益肾的功效。

香辣**脆皮明虾**

主料 鲜虾 300 克，低筋面粉 150 克

配料 淀粉 50 克，泡打粉 10 克，香辣酱 30 克，葱段、姜片各 10 克，料酒 8 克，食盐 5 克，植物油适量，鸡精、胡椒粉、白糖、香油各少许

·操作步骤·

① 大虾处理干净，加葱段、姜片、食盐、料酒、胡椒粉腌渍片刻。

② 低筋面粉、淀粉、泡打粉、少许植物油放入一净碗中，加水调成脆糯糊，虾放入脆糯糊中拖裹均匀。

③ 炒锅中加入植物油，烧至五成热时，下入虾炸至定型后捞出，待油温升至六成热时，再下锅复炸至香脆且色泽呈淡黄色，捞出控油，装盘。

④ 锅中留底油烧热，放香辣酱炒香，调以白糖、鸡精，淋入香油，翻炒均匀，淋在炸好的虾上即可。

·营养贴士· 此菜有滋补体质、延缓衰老的功效。

·操作要领· 大虾的虾线不只不卫生，还影响口感，在处理的时候一定要去掉。

吉利**虾**

主 料 活虾 200 克，鸡蛋 1 个

配 料 植物油、面包糠各适量，姜丝、食盐、胡椒粉、料酒各少许

·操作步骤·

① 虾洗净去壳，将虾背部切开，挑去虾线；鸡蛋搅拌均匀。

② 向虾肉里加入料酒、姜丝、食盐、胡椒粉，搅拌均匀后腌上片刻。腌好的虾裹上蛋液和面包糠。

③ 平底锅倒入植物油，油热后将虾炸至两面金黄即成。

·营养贴士· 此菜有滋阴补虚、强身益智的功效。

泡菜**炒河虾**

主 料 河虾 200 克，四川泡菜 100 克，青、红尖椒各 50 克，胡萝卜 50 克

配 料 食用油、食盐、酱油、料酒、鸡精、白糖各适量

·操作步骤·

① 将青、红尖椒洗净切块；胡萝卜洗净切成小丁；泡菜切片。

② 锅中倒入食用油，烧热后倒入泡菜、青尖椒、红尖椒、胡萝卜丁大火煸炒，加入料酒、食盐、酱油、白糖，再倒入河虾爆炒，最后加入鸡精，河虾熟后即可出锅装盘。

·营养贴士· 此菜有补虚开胃、补钙养骨的功效。

盆盆香辣虾

主料 海虾 250 克，土豆、青椒、红椒各 50 克

配料 葱段、姜末、蒜片、辣酱、生抽、白糖、精盐、料酒、植物油各适量，干辣椒、麻辣花生、熟白芝麻各少许

·操作步骤·

① 将海虾清洗干净，去虾枪加入料酒浸泡；土豆去皮洗净切成粗条；青椒、红椒洗净均切长条；干辣椒洗净切段。

② 锅中倒植物油，油至七成热时，放入虾炸透变红捞出，然后把土豆条放入锅中，炸至金黄，表皮变硬，取出控干。

③ 锅中留底油，放入葱段、姜末、蒜片、干辣椒爆香锅底，然后加入辣酱炒匀，再倒入虾、土豆、青椒、红椒一起翻炒，加生抽、白糖、精盐和麻辣花生，最后关火，放入熟白芝麻拌匀即可。

营养贴士 此菜有增进食欲、滋补壮阳的功效。

操作要领 川菜重油，所以油要多准备些。

腰果炒虾仁

主料 鲜虾200克，腰果、火腿各50克，青、红椒各1个

配料 葱姜末10克，料酒、盐、白胡椒粉、水淀粉、白糖、植物油各适量

·操作步骤·

① 鲜虾去壳去虾线洗净；火腿切丁；青、红椒洗净去蒂切成圈状。

② 小火烧热锅中的植物油，放入腰果炸熟，捞出沥干；鲜虾同样滑熟捞出。

③ 锅中留底油，放入葱姜末、青椒圈、红椒圈炒香，再加入鲜虾和火腿拌炒，调入料酒、盐、白胡椒粉、白糖和水淀粉，翻炒均匀后加入腰果，拌匀即可。

·营养贴士· 此菜有钙质丰富、开胃补肾的功效。

虾仁辣白菜

主料 虾仁100克，白菜300克，红椒适量

配料 葱、姜、精盐、辣椒油、鸡精各适量，香菜少许

·操作步骤·

① 虾仁洗净去掉虾线，用开水焯一下，擦干水；白菜洗净，撕成小块；红椒洗净，切粒；香菜洗净，切小段；葱、姜切末。

② 锅中放入辣椒油，放入红椒、葱末、姜末煸炒出香味，然后倒入白菜，加精盐、鸡精和虾仁翻炒，出锅前撒入香菜即可。

·营养贴士· 此菜有养胃生津、除烦解渴的功效。

锅巴**虾仁**

主料 虾仁 200 克,锅巴 100 克,青豆 50 克

配料 番茄酱 40 克,料酒 15 克,白糖 10 克,食盐 5 克,鸡精 3 克,葱花、蒜末、姜末、植物油各适量,水淀粉少许

· 操作步骤 ·

① 虾仁背部划刀,去泥肠洗净,以料酒、少许食盐抓匀,腌约 15 分钟。

② 锅巴用手掰小块,摆在盘底。

③ 锅中倒入适量植物油,待油五成热时下入虾仁滑散,捞起沥油。

④ 锅中留少许底油,爆香葱花、姜末,加入剩余辅料、少许清水煮至沸腾,淋上水淀粉勾芡。

⑤ 加入虾仁拌炒均匀,倒在锅巴上即可。

· 营养贴士 · 此菜有补心养肾、理气健胃的功效。

· 操作要领 · 在腌渍虾仁时加入料酒,可去腥味。

虾仁萝卜丝

主料 虾仁 50 克，萝卜 500 克，青椒 1 个

配料 植物油、葱末、食盐、鸡精各适量

·操作步骤·

① 虾仁洗净；萝卜去皮切丝；青椒去籽切丝。

② 旺火坐锅，倒入植物油烧热，放葱末爆香，然后倒入虾仁翻炒。

③ 倒入萝卜丝、青椒丝翻炒，加入食盐、鸡精调味，炒熟即可。

·营养贴士· 此菜有健胃消食、生津止渴的功效。

虾仁花椒肉

主料 虾仁、里脊肉各 200 克，黄瓜 50 克

配料 花椒、干辣椒段、葱花各 10 克，料酒、生抽各 15 克，食盐 5 克，鸡精 3 克，生粉、植物油各适量

·操作步骤·

① 里脊肉洗净，擦干表面水分，切小粒，加料酒、生粉腌 15 分钟；黄瓜洗净，切丁；虾仁洗净。

② 炒锅放植物油烧热，加腌好的肉滑炒变色后盛出。

③ 锅留底油烧五成热，加花椒、干辣椒段、葱花炒香，加入肉粒、虾仁翻炒几下，再加入食盐、生抽炒匀，出锅之前加黄瓜、鸡精，略翻炒即可。

·营养贴士· 此菜有补充蛋白、强身补虚的功效。

雪菜
墨鱼丝

主 料 墨鱼 500 克，雪菜 100 克，青豆少许，青、红灯笼椒各 1 个

配 料 姜 20 克，盐、绍酒各适量，油 2 汤匙

·操作步骤·

① 将墨鱼洗涤、整理干净，切成长条；雪菜洗净切碎；青豆洗净备用；青、红灯笼椒洗净，去籽切细丝；姜切丝备用。

② 锅中添入清水，沸腾后倒入墨鱼条烫一下，沥干水分备用。

③ 锅中热油，油热后加入姜丝爆香，放入雪菜翻炒，再倒入墨鱼条、青豆、灯笼椒煸炒，烹入绍酒，加入盐调味，添入少量的清水继续翻炒，待墨鱼条炒熟即可出锅。

·营养贴士· 此菜有强身健体、滋阴补血的功效。

·操作要领· 墨鱼体内含有许多墨汁，不易洗净，可先撕去表皮，拉掉灰骨，将墨鱼放在装有水的盆中，在水中拉出内脏，再在水中挖掉墨鱼的眼珠，使其流尽墨汁，然后多换几次清水将内外洗净即可。

鱼香**鲜贝**

主料 鲜贝 150 克，青豆 5 克

配料 醋、料酒、淀粉各 2 茶匙，酱油、绵白糖各 3 茶匙，植物油、葱丝、姜丝、辣椒酱各适量，鸡精少许

·操作步骤·

① 用备好的淀粉、料酒、醋、绵白糖、酱油、鸡精、葱丝、姜丝，加水调成鱼香汁。

② 鲜贝洗净，沥干水分。

③ 锅中倒植物油，七成热时放入裹上淀粉的贝肉，炸约 1 分钟，用漏勺捞出。

④ 锅中留底油，下入葱丝、辣椒酱爆香，然后翻炒青豆，再倒入鱼香汁，用小火烧至沸腾，最后加入贝肉，搅拌均匀即可。

·营养贴士· 此菜有降低血清、补脑益智的功效。

姜葱**炒蛤蜊**

主料 蛤蜊 500 克

配料 料酒 15 克，葱段、姜片各 10 克，蒜汁 8 克，食盐 3 克，植物油适量，香菜少许

·操作步骤·

① 准备一盆淡盐水，滴入少许油搅拌均匀，将蛤蜊浸泡半天以上吐净泥沙，投洗干净；香菜洗净，切段。

② 锅中加植物油，烧热后放入葱段、姜片爆香，然后倒入蛤蜊翻炒至蛤蜊张口，再烹入料酒，加食盐、蒜汁、香菜段继续翻炒一会儿，出锅即成。

·营养贴士· 此菜有滋阴润燥、利尿消肿的功效。

九味金钱鲜贝

主料 鲜贝肉 500 克，鸡蛋 1 个，红辣椒 10 克

配料 料酒 20 克，香菜 5 克，精盐、醋、辣椒酱、白砂糖、蒜、葱、姜、花椒粉、香油、干淀粉、鸡汤、湿淀粉、植物油各适量

·操作步骤·

① 鲜贝肉洗净，擦干水，切块；葱、姜切末；蒜剁泥；红辣椒切成碎丁；香菜择洗干净切段；鸡汤、辣椒酱、醋、精盐、白砂糖、湿淀粉和香油兑成调味汁。

② 将鸡蛋清、精盐、干淀粉调匀，给贝肉上浆。

③ 锅内放植物油烧至六成热时，将贝肉下入油锅内滑熟，然后倒入漏勺沥油。

④ 锅内留少量油，下入花椒粉、姜末、蒜泥、红辣椒丁煸炒出香辣味，然后将贝肉倒入锅内，烹料酒，倒入调味汁，翻炒几下，装在盘内，撒入葱末、香菜即可。

·营养贴士· 此菜有开胃醒脾、滋阴生津的功效。

·操作要领· 鲜贝本身极富鲜味，烹制时千万不要再加味精，也不宜多放盐，以免鲜味反失。

蛤蜊肉**炒鸡蛋**

主料 蛤蜊肉 100 克，鸡蛋 2 个

配料 盐、葱花、料酒、味精、植物油、
高汤各适量

·**操作步骤**·

① 鸡蛋打入碗中，加盐搅匀倒入烧热的油
锅中，大火快炒捞出。

② 锅中热油，放入蛤蜊肉翻炒至断生，烹
入料酒、盐、味精，加入炒好的鸡蛋，
翻炒一小会儿即可。

·**营养贴士**· 此菜有增强体质、凉血补虚的
功效。

蛋炒**蛤蜊木耳**

主料 蛤蜊、鸡蛋、红椒、木耳各适量

配料 盐、葱、胡椒粉、花生油、水淀粉
各适量

·**操作步骤**·

① 蛤蜊洗净，放入水中煮熟，取肉备用；
木耳泡发；红椒切段；葱切花；鸡蛋磕
入碗内，加盐、木耳、红椒、葱花、水
淀粉搅匀。

② 锅中倒油，下鸡蛋液翻炒；加盐、胡椒
粉调味，加入熟蛤蜊肉继续翻炒，最后
收干汤汁即可出锅。

·**营养贴士**· 此菜有铁钙双补、缓解腹胀的
功效。

酸辣鸭掌鱼泡

主料 碱发去骨鸭掌 100 克，鲜鱼泡 150 克，小米椒 25 克

配料 蒜末、姜末、葱花各 10 克，料酒、陈醋各 15 克，酱油 10 克，蚝油 5 克，食盐 5 克，鸡精 2 克，植物油适量，香油少许

·操作步骤·

① 鲜鱼泡洗净，切破，沥干水分；碱发鸭掌入清水中浸泡一会儿，取出沥干，全部放入碗中，加入食盐、料酒腌渍入味；小米椒切粒。

② 锅置火上，下入植物油，烧至六成热时，下入鸭掌、鱼泡过油断生，倒入漏勺沥干油。

③ 锅内留底油，下入蒜末、姜末、小米椒粒炒香，倒入鸭掌、鱼泡，加食盐、鸡精、酱油、料酒、蚝油调好味，翻炒均匀，烹入陈醋，淋香油，撒上葱花，盛出摆盘即可。

营养贴士 此菜有补肾益精、补肝熄风的功效。

操作要领 碱发鸭掌用清水浸泡，是为了去除碱味。

香辣**鱿鱼须**

主料 水发鱿鱼须 300 克，青、红辣椒各 1 个

配料 盐、味精、黄酒、鲜汤、酱油、白糖、醋、色拉油各适量

·操作步骤·

① 鱿鱼须撕掉外膜，放入沸水中烫一下；青、红辣椒洗净，去籽，切条。

② 锅置火上，倒入色拉油，油烧至五六成热时，将鱿鱼须放入滑油，盛出。

③ 锅内留底油，放入青、红辣椒稍煸，倒入少许鲜汤，用盐、味精、黄酒、酱油、白糖、醋调味，倒入鱿鱼须炒熟即可。

·营养贴士· 此菜有增强体质、促进代谢的功效。

干煸**鱿鱼**

主料 鲜鱿鱼 500 克，芹菜 50 克

配料 植物油、姜、食盐、白糖、干红辣椒、鸡精各适量

·操作步骤·

① 鱿鱼洗净后切条，将水控干；芹菜洗净切段；姜切成碎末；干红辣椒切成小段。

② 锅中倒植物油，热至冒烟时倒入鱿鱼，炸至金黄捞出。

③ 锅内留少许底油，倒入姜末和干红辣椒段爆香，然后倒入鱿鱼、芹菜段翻炒，最后加入白糖、食盐和鸡精翻炒片刻即可出锅。

·营养贴士· 此菜有补肝益肾、促进消化的功效。

爆炒
麦穗

主 料 浸发鱿鱼400克，莴笋50克，木耳25克，胡萝卜25克

配 料 植物油、味精、盐、鱼露、胡椒粉、芝麻油、绍酒各适量

·操作步骤·

① 将鱿鱼洗净，用竖刀从头部右上方斜着向下至尾部刻斜纹（刀距要密），把鱿鱼调转，再由尾部右上方斜着刀向下刻斜纹，每距3厘米铲出一块。

② 将木耳泡发，摘成小朵；莴笋和胡萝卜洗净，切成薄片。

③ 锅烧热后，倒入植物油，烧至五成热时，放入鱿鱼过油，捞起沥干油。

④ 锅里留底油，放入莴笋、木耳和胡萝卜略炒，加入鱿鱼，烹入绍酒，加味精、盐、鱼露、胡椒粉调味，最后淋上芝麻油即可。

·营养贴士· 此菜营养丰富，有轻身强智的功效。

·操作要领· 挑选莴笋的时候以鲜嫩为原则，鲜嫩的莴笋色泽淡绿，如同碧玉一般。老的则皮厚、肉白、心空。

干煸干鱿鱼

主料▷ 干鱿鱼 300 克，里脊肉 100 克，香芹 50 克

配料▷ 酱油 15 克，蒜末、姜末各 10 克，食盐 5 克，鸡精 3 克，纯碱 2 克，植物油、干辣椒丝各适量，熟白芝麻少许

·操作步骤·

① 干鱿鱼泡发，沥干水分，切成丝。

② 里脊肉洗净切丝；香芹洗净，切段。

③ 锅中置植物油烧热，下姜末、干辣椒丝爆出香味，将干鱿鱼丝、肉丝、香芹段下锅翻炒，其间加食盐、酱油、鸡精翻炒至熟，撒入蒜末、白芝麻炒匀即可。

·营养贴士· 此菜有养血造血、补铁补钙的功效。

鱿鱼肉丝

主料▷ 鱿鱼 150 克，猪肉丝 100 克，柿子椒丝、冬笋丝各 30 克

配料▷ 植物油 30 克，料酒 15 克，酱油 10 克，食盐 3 克，鸡精 2 克，水淀粉、香油各适量

·操作步骤·

① 鱿鱼切丝，用开水焯好；猪肉丝用适量水淀粉上浆。

② 起锅放植物油烧热，下猪肉丝滑散，控油。

③ 锅留底油，下入鱿鱼丝、猪肉丝翻炒一会儿，加柿子椒丝、冬笋丝、食盐、鸡精、酱油、料酒翻炒至熟，用少许水淀粉勾芡，淋香油出锅即可。

·营养贴士· 此菜有缓解疲劳、恢复视力的功效。

山药**炒鲶鱼**

主 料 鲶鱼 400 克，山药 150 克，鸡蛋 1
个

配 料 精盐、白糖、酱油、醋、味精、料酒、
大料、花椒、桂皮、香叶、葱末、
姜末、蒜末、香菜段、植物油各适量

·操作步骤·

① 鲶鱼洗净，放入沸水中烫去表面的黏液，
切块；山药洗净，去皮切条。

② 锅中放植物油，至七成热时，将山药下
锅炸至金黄色捞出，然后将鲶鱼表面沾

一层鸡蛋液放入锅中，炸至金黄色盛出。

③ 锅中留底油，放入葱末、姜末、蒜末爆香，
然后放入山药和鲶鱼，倒入热水，加大
料、花椒、桂皮、香叶、料酒、醋、酱
油、精盐和白糖，用小火炖至汤汁收浓，
加入味精，将鱼取出后装盘，将浓汤汁
倒在鱼身上，撒上香菜即可。

·营养贴士· 此菜有滋阴养血、开胃利尿
的功效。

·操作要领· 山药切条后需立即浸泡在盐
水中，以防止氧化发黑。

香辣蟹

主料 肉蟹 1 只（约 500 克）

配料 葱、姜、花椒、精盐、白糖、白酒、干辣椒、料酒、醋、植物油各适量

· 操作步骤 ·

① 将肉蟹放在器皿中加入适量白酒，待蟹醉后去腮、胃、肠，洗净切成块；葱切段；姜切片；干辣椒切段。

② 锅中放油，油至三成热时，放入花椒、干辣椒炒出麻辣香味，然后加入姜片、葱段、蟹块，再倒入料酒、醋、白糖和精盐翻炒均匀即可。

· 营养贴士 · 此菜有滋补肝肾、败火排毒的功效。

鱿鱼丝炒韭薹

主料 干鱿鱼 3 条，韭薹 1 把

配料 红椒丝、生抽、料酒、精盐、植物油各适量

· 操作步骤 ·

① 干鱿鱼洗净泡发，切丝；韭薹洗净切段。

② 锅中倒植物油烧热，放入鱿鱼丝滑一下，加生抽、料酒翻炒至鱿鱼断生，放红椒丝、韭薹翻炒至熟，加精盐调味，出锅装盘即可。

· 营养贴士 · 此菜有健肾补虚、利尿祛湿的功效。

风味塘虱鱼

主料 塘虱鱼 300 克，冬笋 50 克，洋葱、
青椒、红椒各 25 克

配料 豆瓣酱 35 克，料酒 20 克，葱段、
姜丝各 15 克，老抽 10 克，香醋、
白糖、食盐各 5 克，鸡精 3 克，植
物油适量

·操作步骤·

① 塘虱鱼去内脏、鳃，洗净，放入热水中
拖一拖，取出刮去表面的白色物质，洗净，
切成鱼块，加葱段、料酒、适量食盐拌匀，
腌渍 15 分钟。

② 青椒、红椒、洋葱洗净，斜切段；冬笋
去皮，洗净切条；豆瓣酱剁细。

③ 锅中放入少许植物油，爆香姜丝、洋葱、
豆瓣酱，下入鱼块、冬笋翻炒均匀，
加入适量清水，大火煮开，再加入白糖、
香醋、老抽、鸡精、食盐拌匀。

④ 中火焖煮 15 分钟，再以大火收汁，待汤
汁快收干时加入青椒段、红椒段，翻炒
至熟即可。

·营养贴士· 此菜有补中益阳、利便消肿
的功效。

·操作要领· 选购冬笋时，节与节之间的
距离越近的竹笋越嫩。

小炒田螺肉

主料 田螺 500 克，红辣椒 2 个

配料 葱 1 棵，蒜 15 克，精盐 3 克，植物油 25 克，姜适量

·操作步骤·

① 将田螺放在盆里用清水泡养 3 天，每天换水 2 ~ 3 次，最后把田螺刷洗干净，用牙签挑出田螺肉，反复漂洗；姜、蒜分别洗净，切片；红辣椒洗净，去籽，切成片；葱洗净，切段。

② 旺火烧热炒锅，下油，加入姜片、蒜片爆香，加入田螺肉爆炒至熟，放入葱段、红辣椒片、精盐调味，翻炒至熟透，装盘即可。

·营养贴士· 此菜有清热利水、除湿解毒的功效。

荷兰豆响螺片

主料 响螺片 150 克，荷兰豆 100 克，银耳 30 克，胡萝卜片 15 克

配料 食盐、鸡精各 3 克，植物油适量

·操作步骤·

① 响螺片用清水浸泡 2 小时至变软，洗净；银耳泡发，洗净后撕成小朵；荷兰豆择好洗净，斜切成段。

② 炒锅中置植物油烧热，将响螺片、荷兰豆下锅翻炒至断生，再将银耳、胡萝卜片下锅，加食盐、鸡精一起翻炒至熟即可。

·营养贴士· 此菜有开胃消滞、滋补养颜的功效。

鸡腿菇
炒螺片

主料 鲜海螺 750 克，鸡腿菇 200 克，青辣椒、黄辣椒、红辣椒各 1 个

配料 植物油 30 克，葱末、姜末适量，精盐、鸡精各 5 克，料酒、香油各 5 克，湿淀粉 8 克

·操作步骤·

① 将海螺硬皮割掉，去掉内脏洗净，切成薄片，下入沸水锅中烫 1 分钟捞出，沥净水分，备用；将鸡腿菇焯一下，切片；青辣椒、黄辣椒、红辣椒切三角块备用。

② 炒锅上火烧热，加底油，用葱、姜爆锅，加料酒，放入海螺片煸炒。

③ 加入鸡腿菇、青辣椒、黄辣椒、红辣椒、精盐、鸡精翻炒均匀；用湿淀粉勾芡，淋入香油，搅拌均匀，出锅即可。

·营养贴士· 此菜有清热明目、利膈益胃的功效。

·操作要领· 鸡腿菇的含水量很大，拌炒成菜后极易渗出水分，所以用湿淀粉勾一下薄芡，可让汤汁变得浓稠，味道更加鲜美。

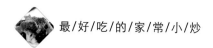

爆炒**螺片**

主 料 海螺 300 克，木耳 50 克，胡萝卜片 20 克

配 料 葱 2 段，食用油、食盐、味精各适量

操作
步骤

将螺肉从壳内拨出洗
净。

将螺肉改刀切片，木耳
撕成小块，葱切片。

锅内放入食用油，把海
螺、木耳、葱、胡萝
卜片放入锅内大火爆炒，
至熟后放入食盐和味
精，翻炒均匀后，出锅
即可。

营养贴士：此菜有凉血祛毒、滋阴补虚的功效。

操作要领：选购海螺时，可以拿两个螺对敲一下，听听声音，好的螺听起来声音比较紧实，
不好的螺听起来空空的。

鱼香螺片

主料 螺肉片、芹菜各适量

配料 豆瓣酱、蒜、白糖、醋、生抽、料酒、葱花、姜、植物油、高汤各适量

·操作步骤·

① 芹菜洗净，斜切成长条，用热水焯过后摆在盘底；螺肉片用热水焯过后，捞出控干水分；蒜、姜切末。

② 将生抽、醋、白糖、料酒放入碗中调匀制成鱼香汁。

③ 锅烧热后倒入植物油，先放入姜末、蒜末炒香。

④ 倒入豆瓣酱，炒出香味后，再倒入适量高汤，然后倒入螺肉片翻炒。

⑤ 倒入事先调好的鱼香汁，大火煮至收汁，撒上葱花，盛入摆放芹菜的盘中即可。

·营养贴士· 此菜有补充蛋白、温肾补血的功效。

·操作要领· 芹菜焯烫可在水中加点盐再过凉水，可使芹菜碧绿爽脆。

爆炒蛏子

主 料 蛏子400克，生菜2片

配 料 红椒末、精盐、酱油、葱、姜、蒜、料酒、胡椒粉、白糖、植物油各适量

·操作步骤·

① 葱切花，姜切丝，蒜切片；蛏子洗净余水后去壳，处理干净备用。

② 炒锅放植物油烧至八成热，下葱花、姜丝、蒜片爆香，放蛏子大火快速翻炒，边炒边加入料酒、精盐、白糖、酱油，炒至蛏壳打开，撒少许胡椒粉，翻炒几下。

③ 将生菜切丝铺在碗底，将炒好的蛏子盛出放在生菜上，撒上红椒末即可。

·营养贴士· 此菜有去火凉血、补充元素的功效。

·操作要领· 用筷子将蛏子与盆底隔开，因为蛏子的位置一直都是在水盆中央，所以吐出来的沙子直接沉底了，而悬在中间的蛏子再吸进来的水又是干净的。

菌豆类小炒

Chapter 5

茶树菇炒牛肚

主 料▶ 茶树菇 150 克，牛肚 300 克，青、
红辣椒各 1 个

配 料▶ 料酒、生抽、老抽、食盐、植物油、
味精、白糖各适量，葱段少许

·操作步骤·

① 茶树菇放入温水中浸泡，待变软捞出切
条；牛肚处理干净后放入开水中焯一下，
然后切条；青、红辣椒去籽，切条。

② 锅中倒油，油热后下牛肚煸炒，再倒入青、
红辣椒翻炒，加入料酒、生抽、老抽、食盐、
味精、白糖调味。

③ 加入茶树菇、葱段炒匀，加入少许清
水炒熟即可。

·营养贴士· 此菜有补益脾胃、补气养血的
功效。

香菇冬笋

主 料▶ 香菇 50 克，冬笋 100 克，绿灯笼
椒 1 个

配 料▶ 食盐、植物油、酱油、白糖、味精、
辣椒酱、香油、淀粉各适量

·操作步骤·

① 香菇洗净切成小块备用；冬笋洗净过
水，切成小块备用；绿灯笼椒洗净切小
块备用。

② 取干净炒锅，置于旺火上，加入植物油
烧热，七成热时倒入冬笋翻炒，再加入
香菇、绿灯笼椒翻炒，加入食盐、酱油、
白糖、味精、辣椒酱调味。

③ 加入适量清水，以大火煮沸，然后转小
火收汤，用淀粉勾芡，炒匀后再淋入香
油即成。

·营养贴士· 此菜有和胃健脾、补气益肾的
功效。

香辣
滑子菇

主 料▶ 滑子菇200克，猪
肉50克

配 料▶ 大葱1棵，辣椒酱、
盐、味精、黄酒、
水淀粉、色拉油各
适量

·操作步骤·

① 滑子菇清洗干净，焯水；
猪肉洗净切片；葱洗净
切花。

② 锅置火上，放入色拉油烧
热，然后放入葱花、肉
片略煸，再加入滑子菇、
辣椒酱翻炒片刻，用盐、
味精、黄酒调味，最后
用水淀粉勾少许芡，翻
炒装盘即可。

·营养贴士· 此菜有解毒抗癌、抑制肿瘤的功效。

·操作要领· 为了处理好滑子菇的杂味，焯水时间可稍长，否则会影响成菜的味道。

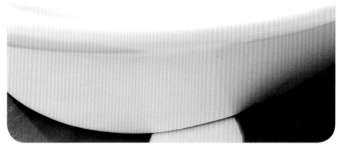

香菇**炒菜丝**

主料 干香菇 50 克，包菜 1 棵

配料 精盐、味精、白糖、植物油各适量

·操作步骤·

① 香菇洗净后放入温水中泡发，捞出沥水
（水先留着），去柄，切片；包菜掰开，
洗净后切细丝。

② 将炒锅置大火上，倒入植物油，烧至油
锅冒烟时放入香菇先炒几下，再下包菜
丝翻炒。

③ 炒至变软、色变绿时加入精盐、白糖和
少量泡香菇的水，盖上锅盖烧 3 分钟，
加入味精炒匀后盛入盘内即可。

营养贴士 此菜有增进食欲、帮助消化的
功效。

杏鲍菇**牛肉**

主料 杏鲍菇 200 克，牛肉 300 克，松肉
粉 3 克，青椒、红椒各 1 个

配料 盐、味精各 3 克，淀粉、植物油各
适量

·操作步骤·

① 杏鲍菇洗净，切片。

② 牛肉洗净切片，放入少许盐、松肉粉腌渍；
青椒、红椒洗净切片。

③ 锅置火上，放入植物油烧热，下入牛肉
炒开，再下入杏鲍菇，加盐、味精焖至
入味，再加入青椒、红椒片炒匀，最后
用淀粉勾芡装盘即可。

营养贴士 此菜有除湿补虚、强筋健骨的
功效。

草菇**虾仁**

主 料 虾仁 300 克，草菇 150 克，鸡蛋、黄柿子椒各 1 个，胡萝卜 25 克

配 料 大葱 10 克，湿淀粉、食用油、料酒、胡椒粉、精盐、味精各适量

·操作步骤·

① 虾仁洗净后拭干，用精盐、胡椒粉、蛋清腌渍 10 分钟；大葱洗净切 1 厘米的段；胡萝卜、黄柿子椒分别洗净切片。

② 在沸水中加少许精盐，将草菇氽烫后晾凉捞出。

③ 锅内放适量食用油，七成热时放入虾仁，滑散、滑透时捞出。

④ 锅内留少许油，放入葱段、胡萝卜片、黄柿子椒片和草菇煸炒，然后将虾仁回锅，加入适量料酒、胡椒粉、精盐、湿淀粉、味精和清水，翻炒均匀即可。

·营养贴士· 此菜有补脾益气、清暑散热的功效。

·操作要领· 虾仁提前腌渍一下，是为了更好地入味。

子菇
炒牛肉

主料 牛肉 300 克，子菇 100 克

配料 食用油、酱油、食盐、大料、麻椒、葱花、味精各适量

操作步骤

准备所需主材料。

将牛肉切片备用。

锅内放入适量食用油，油热后放入大料、麻椒爆香，再放入牛肉翻炒片刻，然后放入适量水进行炖煮。

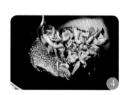

放入子菇和酱油，大火收汁，至熟后放入食盐、味精调味，最后撒入葱花即可。

烹饪心得

营养贴士：此菜有补中益气、滋养脾胃的功效。

操作要领：牛肉不要切太厚，不然不容易入味。

草菇毛豆炒冬瓜

主 料 ▶ 冬瓜100克，毛豆50克，草菇20克，胡萝卜30克

配 料 ▶ 姜末、植物油、食盐、小苏打、味精、淀粉、麻油各适量

·操作步骤·

① 冬瓜去皮后，洗净切成方丁；胡萝卜洗净切方丁；煮一锅淡盐水，放入草菇灼烫2~3分钟，捞起挤去水分，再用流动水冲洗干净，沥干水分，对切成两半。

② 毛豆倒入开水中，加入少许小苏打焯一下，焯完冲凉水备用。

③ 锅中热油，倒入姜末爆香，加入冬瓜煸炒，倒入清水继续炒，待冬瓜呈半透明状时加入胡萝卜、草菇、毛豆、食盐、味精翻炒，再用淀粉勾少许薄芡，最后滴几滴麻油即成。

·营养贴士· 此菜有利尿消肿、清热解暑的功效。

·操作要领· 无论鲜品还是干品，草菇灼烫的时间都不宜过长。

辣味鸡腿菇

主 料 鸡腿菇 200 克，腊肠 50 克，荷兰豆 15 克

配 料 干红辣椒 5 克，生油 30 克，盐、味精各 10 克，姜片、蒜片各少许

·操作步骤·

① 将鸡腿菇择洗干净，切成长条；腊肠切片；荷兰豆洗净切成斜片备用。

② 炒锅置旺火上，放入生油烧热，把干红辣椒炸至褐红色，放入姜片、蒜片炒香，倒入鸡腿菇、腊肠翻炒，加荷兰豆拌炒，最后加盐、味精迅速翻炒均匀出锅即可。

·营养贴士· 此菜有清神益智、增加食欲的功效。

金针菇炒海肠

主 料 海肠 1000 克，金针菇 200 克，香菜段 50 克

配 料 葱花、姜末共 15 克，植物油 30 克，湿淀粉（豌豆）5 克，盐、味精、醋、胡椒粉、花椒、辣椒油各适量

·操作步骤·

① 海肠切去两头，去掉泥沙，洗净，切寸段，放入烧至九成热的热水中汆透捞出。

② 金针菇去根，洗净切段，焯一下。

③ 锅中加植物油烧热，爆香葱花、姜末、花椒，烹醋，加金针菇、香菜段、海肠，加盐、味精、胡椒粉炒匀，用湿淀粉勾芡，加辣椒油拌匀，装盘即可。

·营养贴士· 此菜有温补肝肾、壮阳固精的功效。

小炒
菌拼

主料 油菜 2 棵，草菇 50 克，香菇 2 个，真姬菇 50 克

配料 辣椒、植物油、食盐、鸡精各适量

·操作步骤·

① 把所有菇类用水浸泡一会儿之后，真姬菇去根，择洗干净；香菇择洗干净后切片；草菇切成片。

② 把油菜切成小段；辣椒切成丝。

③ 锅内放入植物油，油热后把草菇、香菇、真姬菇放入油锅翻炒片刻。

④ 把辣椒丝和油菜放入锅中翻炒至熟，加入食盐、鸡精调味即可。

·营养贴士· 此菜有延缓衰老、降压降脂的功效。

·操作要领· 把菇类放在水中浸泡是为了去掉里面的杂渍。

杭椒炒蟹味菇

主料➤ 蟹味菇 150 克，青、红杭椒各 50 克

配料➤ 食用油、食盐各适量

·操作步骤·

① 青、红杭椒斜切成段；蟹味菇洗净，挤干水分。

② 锅置火上，倒油烧热，下青、红杭椒煸炒，再加入蟹味菇翻炒，加盐调味，炒熟即可。

·营养贴士· 此菜有增进食欲、帮助消化的功效。

螃蟹炒牛肝菌

主料➤ 牛肝菌 250 克，螃蟹 100 克

配料➤ 高汤 150 克，红油 30 克，辣酱 15 克，酱油 10 克，食盐、白糖各 5 克，蒜片适量，花椒粒、葱花、熟白芝麻各少许

·操作步骤·

① 牛肝菌去蒂，洗净；螃蟹冲洗干净，入沸水中烫透。

② 锅内放入红油烧热，下入花椒粒、辣酱、蒜片炒香，下入螃蟹、牛肝菌炒至上色。

③ 加入高汤与酱油、食盐、白糖炒至入味，大火收干汤汁，撒入葱花、熟白芝麻即可。

·营养贴士· 此菜有养血和中、补虚提神的功效。

素炒杂菌

主料 鸡腿菇、白菇、香菇各 50 克，油菜 10 克

配料 枸杞 4 克，大蒜、葱段、鸡油、盐、味精、生粉、香油各适量

·操作步骤·

① 将鸡腿菇、白菇、香菇用水浸泡一会儿之后，分别洗净切片；油菜洗净；大蒜剥皮切片。

② 锅中倒入鸡油加热，下入蒜片、葱段煸香，倒入鸡腿菇、白菇、香菇翻炒，然后加入油菜略炒。

③ 加盐、味精、枸杞调味，最后用生粉勾芡，淋上香油即成。

·营养贴士· 此菜有清心安神、增加食欲的功效。

·操作要领· 好的鸡腿菇菌盖应是圆柱形，并沿着边缘紧紧包裹着，直径 2 ~ 13 厘米为佳，颜色呈洁白至浅褐色。

木耳炒西蓝花

主料 西蓝花 300 克，黑木耳 20 克，胡萝卜 10 克

配料 盐、菜油、鸡精各适量

·操作步骤·

① 黑木耳以温水泡发后剪去黄硬蒂备用；胡萝卜洗净切成菱形；西蓝花洗净，用手掰成小朵，放入开水中焯一下，然后过凉水，控干水分备用。

② 锅中热油，倒入黑木耳翻炒，再倒入西蓝花、胡萝卜翻炒，加入盐调味。

③ 最后加入鸡精，炒匀即可。

·营养贴士· 此菜有补肾填精、健脑壮骨的功效。

木耳烩菠菜

主料 鲜菠菜 250 克，木耳 50 克，瘦肉末 30 克，水发粉丝 40 克

配料 植物油 30 克，食盐 5 克，白糖 8 克，蒜末 10 克，生抽、湿淀粉、红油各适量

·操作步骤·

① 菠菜择好洗净；木耳泡发，洗净后撕成小朵；粉丝泡发。

② 锅内烧水，待水开后放入菠菜，烫至八成熟捞起过凉水，控水。

③ 炒锅中倒植物油，油热后放入蒜末爆香，倒入肉末炒至变色，加入菠菜、木耳、粉丝，用中火炒熟，然后加入食盐、白糖、生抽调味，用湿淀粉勾芡，淋入红油即成。

·营养贴士· 此菜有抗癌防癌、促进代谢的功效。

杞子白果**炒木耳**

主　料 白果 200 克，枸杞 50 克，木耳 30 克，
红辣椒 1 个

配　料 姜 10 克，盐 10 克，酱油 10 克，
植物油 30 克，味精少许

·操作步骤·

① 将木耳泡发洗净，撕成小朵；枸杞洗净
　备用；红辣椒洗净切片；姜切片备用。

② 锅中油烧热，放入一半的姜末爆香，加
　入白果翻炒，调入少许水，稍焖至白果
　熟透盛出待用。

③ 锅中倒入植物油，姜片爆香，拣出，
　放入木耳、枸杞、红辣椒翻炒片刻，
　用盐、酱油、味精调味，码入盘中即可。

·营养贴士· 此菜有固肾补肺、止咳平喘
的功效。

·操作要领· 白果应该以外壳光滑、洁白、
新鲜、大小均匀，果仁饱满、
坚实、无霉斑为好。

木耳炒黄瓜

主料▷ 黑木耳、秋黄瓜、红椒各适量

配料▷ 姜、蒜、盐、糖、味精、水淀粉、香油、植物油各适量

·操作步骤·

① 秋黄瓜洗净切成条；黑木耳泡发撕条；红椒洗净切段；姜、蒜切末。

② 锅中添水，煮沸后倒入黑木耳和秋黄瓜焯10秒钟。

③ 净锅倒入植物油，八成热时下入姜末、蒜末爆香，倒入焯好的木耳和秋黄瓜，加盐、糖、味精调味，最后加入少许水淀粉，淋上香油即可。

·营养贴士· 此菜有补血活血、清热解毒的功效。

田园小炒

主料▷ 荷兰豆、胡萝卜、木耳、藕各适量

配料▷ 枸杞若干、盐、味精、植物油各适量

·操作步骤·

① 荷兰豆去茎，切段后，再对半切开；木耳泡发后撕小朵；胡萝卜、藕分别洗净切片。

② 将荷兰豆、藕片、胡萝卜片分别放入热水中焯至断生，捞出。

③ 锅倒油烧热，放入所有主料一起翻炒，出锅前放入盐、味精调味即可。

·营养贴士· 荷兰豆性平、味甘，有和中下气、生津止渴的功效。

黄花木耳
炒猪腰

主料 猪腰1对，黄花菜、木耳各适量

配料 红枣6个，生粉少许，姜末、盐、鸡精、生抽、料酒、植物油各适量

·操作步骤·

① 将猪腰对半切开，去掉白色的筋膜，用生粉、盐抓过洗净，切小片，然后汆水（水里放些料酒）待用。

② 黄花菜洗净切段，用热水焯一下；木耳泡发后撕小朵；红枣洗净，对半切开，去核。

③ 锅中倒入植物油烧热，爆香姜末、蒜末，下猪腰煸炒，再放入少许料酒去腥。

④ 将黄花菜、木耳红枣下锅一起炒至断生，溜点水，然后放盐、鸡精、生抽调味即可。

·营养贴士· 此菜有补肾益气、强腰补虚的功效。

·操作要领· 在汆猪腰的水里放料酒是为了去异味。

口蘑炒面筋

主料 口蘑 300 克，面筋 200 克

配料 葱花、蒜末、蚝油、白糖、食盐、植物油各适量

·操作步骤·

① 口蘑洗净切片；面筋泡发后切块。

② 锅中倒入植物油烧热，放入蒜末炝锅，倒入口蘑片翻炒。

③ 加入少许热水，放入少许蚝油、白糖、食盐，倒入面筋块炖煮，待汤汁收干，出锅前撒上葱花即可。

·营养贴士· 此菜有防止便秘、促进排毒的功效。

海鲜爆甜豆

主料 墨鱼仔、虾仁各150克，鱿鱼100克，木耳、甜豆各50克，红椒1个

配料 植物油、海鲜酱、料酒、姜、精盐各适量

·操作步骤·

① 姜切片；红椒切丝；木耳用水泡发后撕成小朵；墨鱼仔、虾仁洗净，鱿鱼洗净切花刀，倒入料酒腌15分钟。

② 甜豆用水焯一下，切段。

③ 锅烧热，倒入植物油，放入姜片爆香后，将姜片拣出再倒入海鲜大火爆炒，加海鲜酱小烧一会儿入味。

④ 加入甜豆段、红椒丝大火爆炒片刻，加入精盐翻炒片刻，即可出锅。

·营养贴士· 木耳有补气养血、润肺止咳的功效。

五彩相会

主料 净仔鸡 1 只，鹌鹑蛋 10 个，笋 200 克，干木耳 10 克，黄瓜 1 根

配料 油 30 克，料酒 15 克，鸡精 5 克，高汤 500 克，老姜 3 片，盐适量

·操作步骤·

① 鹌鹑蛋煮熟，剥去蛋壳；干木耳用温水泡发后洗净；笋剥去外层硬皮，切掉硬根部，冲洗干净后切成滚刀块；黄瓜洗净去皮，切成小一点的滚刀块。

② 仔鸡用流动的水冲洗干净，切成小块，放入滚水中余烫 3 分钟，捞出沥干水分。

③ 大火烧热炒锅中的油，放入老姜片，煸炒出香味后，倒入鸡块，翻炒 1 分钟，调入料酒，翻炒均匀后，加入高汤，大火煮开。

④ 放入去壳的熟鹌鹑蛋、笋块、木耳，继续炖煮 10 分钟，出锅前加入黄瓜块，调入鸡精和盐即可。

·营养贴士· 此菜有补中益气、强身健体的功效。

·操作要领· 将鹌鹑蛋放入冷水中，下沉的是鲜蛋，上浮的是陈蛋。

香干炒肉丝

主 料➡ 五香豆干 5 块，猪肉丝 30 克，芹菜 20 克，红辣椒 1 个

配 料➡ 葱末、姜末各 10 克，精盐 3/5 小匙，味精 2/5 小匙，酱油 10 克，明油适量，植物油 25 克

·操作步骤·

① 五香豆干切成丝；芹菜洗净切段；红辣椒洗净，切丝。

② 炒锅置于旺火上烧热，锅中倒入植物油烧至六成热时，放入豆干炒至黄色盛起备用。

③ 锅内留少量植物油，放入葱末、姜末、红辣椒丝煸香，加入肉丝略炒，再加入酱油、精盐略炒，最后加入豆干丝、芹菜段、味精翻炒均匀入味，淋明油，出锅装盘即可。

·营养贴士· 此菜有健胃利血、清肠利便的功效。

辣子香干

主 料➡ 烟熏香干 250 克，花生米 50 克

配 料➡ 红尖椒粒 30 克，蒜粒 5 克，植物油、鸡精、香油各适量

·操作步骤·

① 香干洗净切四方块待用。

② 净锅上火，倒入植物油，油温至七成热时，下入香干、红尖椒粒，滑油，然后倒入漏勺内待用。

③ 下入蒜粒炒香出味，倒入花生米、香干翻炒，最后加入鸡精起锅装盘，淋入香油即成。

·营养贴士· 此菜有温中散寒、除风发汗的功效。

五香干丝

主 料▶ 熏豆腐干 300 克

配 料▶ 酱油 15 克，白糖 10 克，葱花、姜末各 8 克，五香粉 5 克，植物油适量，食盐、鸡精、香油各少许

·操作步骤·

① 熏豆腐干洗净，切成丝。

② 炒锅内加植物油烧至七成热时，下入葱花、姜末爆出香味，再下入熏豆腐干，炒干水汽即下酱油、白糖、五香粉及少许清水。

③ 中火收至汤干时，下鸡精、香油、食盐炒匀即可。

·营养贴士· 此菜有保护心脏、促进骨骼发育的功效。

·操作要领· 香干不要切太细，容易炒烂。

韭菜辣炒五香干

主料 烟熏香干 350 克，韭菜 100 克

配料 红辣椒 30 克，蒜粒 5 克，黑豆豉、
食盐、白糖、鸡精、香油、红油、
植物油各适量

·操作步骤·

① 香干洗净切条待用。

② 净锅上火，加入植物油烧热，油温七成
热时，爆香红辣椒、蒜粒，拣出，放入
黑豆豉炒香，再下入韭菜，炒香出味，
下入香干，加食盐调味，烧至入味，最
后调入其余调味料起锅装盘，淋入香油、
红油即成。

·营养贴士· 此菜营养丰富，有增进食欲的
功效。

家乡豆腐

主料 豆腐 300 克，猪五花肉 100 克

配料 香葱、蒜末、水淀粉、植物油、酱油、
料酒、豆瓣酱、食盐、鸡精各适量

·操作步骤·

① 把豆腐切成三角块；猪五花肉切成片；
香葱切段；豆瓣酱剁成细末。

② 炒锅中放植物油烧热，放入豆腐片，煎
成金黄色，盛出备用。

③ 锅中留少许油，下猪肉片炒香，加豆瓣
酱末炒出红油，调入酱油、料酒和适
量水，随即放入豆腐片、食盐和鸡精。

④ 烧开后调小火慢炖，将豆腐炖透，加入
香葱段、蒜末，最后用水淀粉勾芡，将
汤汁收浓即可。

·营养贴士· 此菜有补虚强身、滋阴润燥的
功效。

湘辣
豆腐

主料 豆腐 300 克，红辣椒适量

配料 干辣椒 2 个，香葱 1 棵，蒜末 10 克，植物油 500 克（实耗 40 克），酱油 10 克，豆豉 20 克，食盐、白糖各 5 克，鸡精 3 克

·操作步骤·

① 豆腐切成四方小块；红辣椒去籽，切丁；香葱切葱花；干辣椒切段。

② 炒锅烧热放植物油，放入豆腐块，炸黄捞出备用。

③ 炒锅留底油，下入蒜末、红辣椒丁、干辣椒段和豆豉后，倒入炸过的豆腐，加入酱油、白糖、食盐、鸡精炒匀，淋些清水，炒熟后出锅装盘，撒上葱花即可。

·营养贴士· 此菜有散寒除湿、开郁去痰的功效。

·操作要领· 步骤③中，倒入豆豉后，要等到炒出红油再放豆腐。

回锅豆腐

主 料▷ 北豆腐 1 块

配 料▷ 精盐 5 克,豆瓣酱 30 克,豆豉 20 粒,
植物油、生抽、白糖、洋葱、蒜末、
香菜各适量

·操作步骤·

① 豆腐切片,上平底锅煎至两面微黄装起
备用;洋葱洗净,切成碎片。

② 热锅倒入少许植物油,舀入豆瓣酱,炒
出红油,然后倒入洋葱、豆豉炒香。

③ 往锅里倒入少许生抽上色提香,再倒入
煎好的豆腐,翻炒片刻,调入少许精盐、
白糖,撒上蒜末即可。

④ 出锅装盘,放上香菜叶装饰。

·营养贴士· 此菜有补中益气、解毒化湿的
功效。

炒豆腐

主 料▷ 豆腐适量,白菜少许

配 料▷ 色拉油、食盐、大葱、姜各适量

·操作步骤·

① 大葱洗净切花;姜切末;豆腐切小块;
白菜洗净切碎。

② 锅置火上,倒入色拉油,下入葱花、姜
末爆香,倒入豆腐、白菜翻炒。

③ 加入食盐调味即可出锅。

·营养贴士· 此菜有补中益气、清热润燥的
功效。

煎豆腐炒海肠

主 料 豆腐 400 克，鲜海肠 100 克，香芹适量

配 料 白醋 10 克，植物油、干辣椒、盐、鸡粉、十三香各适量

·操作步骤·

① 鲜海肠洗净，切成寸段，加入 10 克白醋和适量盐，用手抓匀，用清水冲洗干净，去掉腥味和黏液，入沸水迅速氽水。

② 豆腐切成 3 毫米厚的长方形片；香芹洗净，去叶留杆，切成寸段；干辣椒洗净切段。

③ 平底锅上火，入植物油烧至四成热，入豆腐片小火煎至两面金黄。

④ 炒锅上火入底油烧热，下入干辣椒煸香，入豆腐轻轻翻炒，调入盐、鸡粉、十三香入味，加入海肠略炒，出锅装盘即可。

·营养贴士· 此菜有健脾开胃、益气养生的功效。

·操作要领· 炒海肠时动作要快，以免变老。

西红柿日本豆腐

主 料 日本豆腐 4 管

配 料 番茄酱、食用油、食盐、味精、葱花各适量

操作步骤

准备好所需食材。

将日本豆腐切成段。

将番茄酱内加入少许的水。

锅内放入食用油，将日本豆腐放入锅内，煎至外皮金黄酥脆。

将番茄酱放入锅内，翻炒均匀后，即可出锅。装盘后可撒些葱花作为装饰。

营养贴士：日本豆腐具有降压、化痰、消炎、止吐的功效。

操作要领：日本豆腐比较嫩，煎的时候要把握力道，不要煎散了。

糖醋**豆腐干**

主料▶ 豆干4块，青椒、红甜椒各1个，青豆少许

配料▶ 番茄酱15克，白醋15克，糖30克，盐少许，植物油适量

·操作步骤·

① 豆干切成小方块；青椒、红甜椒去籽，切片；青豆洗净备用。

② 热锅，加入少许植物油，放入豆干炒至表面金黄。

③ 加入青椒、红甜椒、青豆，调入糖、盐、白醋和番茄酱，炒匀即可。

·营养贴士· 豆腐干有防止血管硬化、预防心血管疾病、保护心脏的功效。

小炒**豆腐皮**

主料▶ 豆腐皮250克，青椒、红椒各1个

配料▶ 油、食盐、酱油各适量

·操作步骤·

① 豆腐皮切菱形片；青椒、红椒洗净去蒂切圈。

② 锅倒油烧热，放入辣椒圈和豆腐皮，翻炒均匀，用食盐调味即可。

·营养贴士· 此菜有清热祛火、活血降糖的功效。

青菜小豆腐

嫩豆腐 250 克，青菜 2 棵，红椒 1 个

盐 8 克，鸡精 2 克，葱花、蒜末各 适量

·操作步骤·

① 红椒洗净，切成碎末；青菜洗净，切成 碎末。

② 锅内放油，炒香葱花，再放入青菜碎翻 炒均匀。

③ 放入豆腐翻炒，使大部分豆腐变碎。

④ 注入适量清水烧开，转小火待豆腐煮散， 调入盐和鸡精，撒上蒜末和红椒末即可。

·营养贴士· 此菜有健胃开胃、排毒美容 的功效。

·操作要领· 做这道菜的时候，油要比一 般炒菜放得少。

清心豆腐干

主料 豆腐干 200 克，青椒、红椒各 100 克

配料 食用油、食盐、鸡精、葱、姜、蒜各适量

·操作步骤·

① 豆腐干切三角形片，青椒、红椒切菱形片，葱、姜、蒜切末。

② 起锅热油，加入葱末、姜末、蒜末爆香，放入豆腐干，翻炒片刻，调入食盐和鸡精调味，之后放入青椒片、红椒片翻炒片刻即可出锅。

·营养贴士· 此菜有增进食欲、帮助消化的功效。

青椒豆腐泡

主料 豆腐泡 400 克，青椒 150 克

配料 植物油、干辣椒段、鸡精、食盐各适量

·操作步骤·

① 豆腐泡用水冲洗一下；青椒去籽洗净，切块备用。

② 往锅中注植物油，油热时放入干辣椒段，爆香后加入青椒。

③ 锅内加入豆腐泡翻炒 2 分钟，再用食盐、鸡精调味，即可出锅。

·营养贴士· 此菜有增进食欲、降脂减肥的功效。

红烧豆泡

主料 油豆泡100克，芹菜100克，红椒1个

配料 生姜少许，食用油、糖、生抽、水淀粉、食盐各适量

·操作步骤·

① 芹菜洗净、切小段；红椒洗净切片；油豆泡对切成两半；生姜切丝。

② 用少许热油爆香芹菜、红椒，并盛出。

③ 用热油先炒姜丝，起香味后加入10克糖，同时放入油豆泡快速翻炒，再加生抽、清水，烧入味。

④ 加入先前爆香的芹菜、红椒，快速拌匀，同时加入食盐，用水淀粉勾芡即可。

·营养贴士· 此菜有健胃利血、清肠利便的功效。

·操作要领· 豆泡对半切开，炒的时候更好入味。

冬笋**炒豆皮**

主料 豆皮 300 克，冬笋 100 克，青椒、红椒少许

配料 植物油、蒜末、食盐、生抽各适量

·操作步骤·

① 豆腐皮用清水冲洗一下，切成方片，放在开水中略煮；冬笋去老皮，洗净，切片；青椒洗净，切菱形片；红椒洗净，斜切段。

② 锅内加植物油，油烧热后放入蒜末爆香，加入青椒、红椒，翻炒出香味后放入豆皮、冬笋，继续翻炒，然后加入食盐、生抽调味，淋少许清水，继续翻炒均匀即成。

·营养贴士· 此菜有化痰下气、清热除烦的功效。

湘辣**豆腐渣**

主料 豆腐 500 克，红辣椒、青菜各 50克

配料 大蒜 20 克，食用油、酱油、白糖、精盐、味精各适量

·操作步骤·

① 豆腐压成豆腐渣；红辣椒和青菜切碎；大蒜切末。

② 用适量食用油炒香大蒜末，然后加入红辣椒碎、青菜碎，翻炒片刻，再加入豆腐渣。

③ 加入酱油、白糖、精盐、味精调味，关火，盛盘即可。

·营养贴士· 此菜有补中益气、清热润燥的功效。

肉末炒豆渣

主 料 豆渣 250 克，五花肉 100 克，柿子椒少许

配 料 调和油、食盐、干红椒段各适量

·操作步骤·

① 五花肉洗净，剁成末；柿子椒去籽、洗净，切成小粒；干红椒洗净切丝备用。

② 锅中油热时，先后倒入柿子椒末、肉末，炒熟，盛起备用。

③ 豆渣先入锅烘干，盛起备用。

④ 起油锅爆香干红椒段，倒入炒好的豆渣、肉末翻炒，加食盐调味即可。

·营养贴士· 此菜有解热镇痛、增加食欲的功效。

·操作要领· 烘干时间根据豆渣的湿度来确定。

腐竹玉兰片

主料 腐竹 200 克，玉兰片 150 克，五花肉 50 克，香芹少许

配料 植物油 20 克，花椒油、蒜末、葱末、食盐、鸡精各适量

·操作步骤·

① 玉兰片放入温水中泡发；香芹洗净切段；五花肉洗净切片；腐竹泡发，切段，沥干水分。

② 坐锅点火加植物油，油热后放入蒜末、葱末爆香，将玉兰片、五花肉放入锅内翻炒。

③ 肉快熟时，加入香芹、腐竹翻炒，用食盐、鸡精调味，淋少许水，撒入花椒油，焖一会儿即可出锅。

·营养贴士· 此菜有补肾养血、滋阴润燥的功效。

蘑菇烩腐竹

主料 蘑菇 250 克，腐竹 3 条

配料 植物油、白醋、精盐、蒜末各适量

·操作步骤·

① 将蘑菇去掉根部，撕成小条，清洗干净，捞出控干水；腐竹用凉水泡发，切成小段。

② 锅内倒油，烧热后放入蒜末和已经攥好水的蘑菇翻炒片刻。

③ 加入腐竹，添适量清水，等水快收干时，加入精盐、白醋，翻炒片刻即可出锅。

·营养贴士· 此菜有止咳化痰、止痛镇痛的功效。

剁椒
腐竹

主　料 腐竹 200 克，小油菜 100 克，胡萝卜 50 克

配　料 剁椒 25 克，生抽 15 克，葱花 10 克，香辣酱 10 克，食盐 3 克，植物油适量

·操作步骤·

① 腐竹用清水泡软，斜刀切成段；小油菜洗净，切段；胡萝卜洗净，切片。

② 锅里放植物油烧热，炒香剁椒、葱花、香辣酱，放入小油菜、胡萝卜、腐竹翻炒片刻，再放入食盐、生抽调味，继续翻炒片刻即可出锅。

·营养贴士· 此菜有温中散寒、除风发汗的功效。

·操作要领· 腐竹必须用凉水泡，如用热水泡，会使发好的腐竹发烂。

菠萝豆腐

主料 菠萝半个，豆腐1块，青豆适量

配料 盐、白砂糖各20克，葱半根，姜汁数滴，香菜少许，橄榄油、番茄酱、味精、淀粉各适量

·操作步骤·

① 菠萝去皮切块，放入盐水中浸泡片刻，然后洗净备用；豆腐放入开水中焯一下，然后切块；葱洗净切段。

② 取空碗，加入淀粉、豆腐块，搅拌均匀，然后下橄榄油锅煎炸，炸至金黄色捞出。

③ 锅留底油，下葱段、姜汁爆香，捞出葱段，倒入番茄酱煸炒，加盐、味精、白砂糖调味，倒入清水，煮沸后倒入豆腐块、菠萝块、青豆快速炒匀，最后点缀上香菜即可。

·营养贴士· 此菜有清暑解渴、消食止泻的功效。

·操作要领· 加入菠萝后要快速翻炒。